电网企业员工安全技能实训教材

变电运维

国网泰州供电公司　组编

中国电力出版社
CHINA ELECTRIC POWER PRESS

内 容 提 要

《电网企业员工安全技能实训教材》丛书按照国家电网有限公司生产技能人员标准化培训课程体系的要求，结合安全生产实际编写而成。本丛书共包括《通用安全基础》《变电运维》《变电检修》《输电运检》《配电运检》《不停电作业》《电力调度与自动化》《信息通信》《营销计量》《农电》10 个分册。

本书为《电网企业员工安全技能实训教材　变电运维》分册，全书共 9 章，主要内容包括变电运维基本安全要求、生产作业安全管控标准化、变电设备运维管理、设备启动投运、倒闸操作安全管理、工作现场安全管理、现场应急处置、故障及异常处理、典型违章及典型误操作案例。

本书可作为电网企业变电运维及相关专业作业人员和管理人员的安全技能指导书、培训教材及学习资料，也可作为高等院校、职业技术学校电力相关专业师生的自学用书与阅读参考书。

图书在版编目（CIP）数据

变电运维/国网泰州供电公司组编. —北京：中国电力出版社，2022.11
电网企业员工安全技能实训教材
ISBN 978-7-5198-7256-4

Ⅰ．①变…　Ⅱ．①国…　Ⅲ．①变电所－电力系统运行－技术培训－教材　Ⅳ．①TM63

中国版本图书馆 CIP 数据核字（2022）第 218393 号

出版发行：中国电力出版社
地　　　址：北京市东城区北京站西街 19 号（邮政编码 100005）
网　　　址：http://www.cepp.sgcc.com.cn
责任编辑：周秋慧　邓慧都
责任校对：黄　蓓　朱丽芳
装帧设计：张俊霞
责任印制：石　雷

印　　刷：三河市万龙印装有限公司
版　　次：2022 年 11 月第一版
印　　次：2022 年 11 月北京第一次印刷
开　　本：710 毫米×1000 毫米　16 开本
印　　张：13.75
字　　数：199 千字
印　　数：0001—1500 册
定　　价：68.00 元

编写委员会

序

　　无危则安，无损则全，安全生产事关人民福祉，事关经济社会发展大局，是广大人民群众最朴素的愿望，也是企业生产正常进行的最基本条件。电网企业守护万家灯火，保障安全是企业履行政治责任、经济责任和社会责任的根本要求。安全生产，以人为本，"人"是安全生产最关键的因素，也是最大的变量。作业人员安全意识淡薄、安全技能不足等问题，是导致各类安全事故发生的一个重要原因。百年大计，教育为本，提升作业人员安全素养，是保障电网安全发展的长久之策，一套面向基层一线的安全技能实训教材显得尤为迫切和重要。

　　当前，国家和政府安全监管日趋严格，安全生产法制化对电网企业安全管理提出了更高的要求。近年来，新能源大规模应用为主体的新型电力系统加快建设，电网形态不断发生着深刻的变化，也给电网企业安全管理带来了新的课题。为更好地支撑和指导电网企业员工和利益相关方安全教育培训工作，促进作业人员快速全面掌握核心安全技能理论知识，国网泰州供电公司组织修编了这套《电网企业员工安全技能实训教材》系列丛书。应老友邀请，我仔细品读，深感丛书理论性、创造性与实用性并具，是不可多得的安全培训工具书。

　　本丛书系统性强，专业特色鲜明，共包括《通用安全基础》通用教材及《变电运维》《变电检修》《输电运检》《配电运检》《不停电作业》《电力调度与自动化》《信息通信》《营销计量》《农电》9 本专业教材。《通用安全基础》涵盖安全理论、公共安全、应急技能等内容，9 本专业教材根据专业特点量身打造，囊括了安全组织措施和技术措施、两票的填写和使用、专业施工机具及安全工器具、现场安全标准化作业等内容。通用教材是专业教材的基础，专业教材是通用教材的延伸，两类教材互为补充，成为一个有机的整体，给电网企业员工提供了更系统的概念和更丰富的选择。

本丛书实用性强，内容生动翔实，国网泰州供电公司组建的编写团队，由注册安全工程师、安全管理专家、专业技术骨干、作业层精英等人员组成，具备本专业长期现场工作经历。他们从自身工作角度出发，紧密贴合现场管理实际，精准把握一线员工安全培训需求，全面总结了安全管理的概念和要点、标准和流程，提出了满足现场需要的安全管理方法和手段，针对高处作业、动火作业、有限空间作业等典型场景，专题强化安全注意事项，并选用大量的典型违章和事故案例进行分析说明，内容全面丰富、重点突出，使本套教材更易被一线员工接受，使安全培训取得应有的成效。

本丛书指导性强，理论结构严谨，编写团队对标先进、学习经验，经过广泛的调研和深入的讨论，针对电力行业特点，创新构建了包含安全理论、公共安全、通用安全、专业安全、应急技能的"五维安全能力"模型，提出了员工岗位安全培训需求矩阵，描绘了不同岗位员工系统性业务技能和安全培训需求。本丛书还参照院校学分制绘制了安全技能知识图谱，结构化设置知识点，为其在各类安全技能培训班中有效应用提供了指导。

本丛书在编写过程中坚持试点先行，《通用安全基础》和《配电运检》两本教材于 2020 年底先期成稿，试用于国网泰州供电公司 2021 年配电专业安全轮训班，累计培训 3000 余人次，取得了良好的成效，得到了参培人员的一致好评。在此基础上，编写组历时两年编制完成了其余 8 本专业教材。

本丛书的出版，是电网企业在自主安全教育培训方面的一次全新的探索和尝试，具有重要的意义。"知安全才能重安全，懂安全才能保安全"，相信本丛书必将对电网企业安全技能培训工作的开展和员工安全素养的提升做出长远的贡献，也可以作为高校教师及学生了解电力检修施工现场安全管理的参考资料。

与书本为友，享安全同行。

东南大学电气工程学院院长、教授

2022 年 7 月

前　言

　　安全生产是企业的生命线，安全教育培训是电网企业安全发展的重要保障。随着电网技术快速发展、新业务新业态不断革新、作业管理方式持续转变，传统的电力安全培训教材系统性、针对性不强，内容亟须更新。为总结电网企业在安全生产方面取得的新成果，进一步提高电网企业生产技能人员的安全技术水平和安全素养，为电网企业安全生产提供坚强保障，国网泰州供电公司按照国家电网有限公司生产技能人员标准化培训课程体系的要求，结合安全生产实际，组织编写了《电网企业员工安全技能实训教材》丛书，包括《通用安全基础》《变电运维》《变电检修》《输电运检》《配电运检》《不停电作业》《电力调度与自动化》《信息通信》《营销计量》《农电》10个分册。

　　本丛书以国家有关的法律、法规和电力部门的规程、规范为基础，着重阐述了电力安全生产的基本理论、基本知识和基本技能，从公共安全、通用安全、专业安全、应急技能等方面，全面、系统地构建电力安全技能培训体系。本丛书精准把握现场一线员工安全培训需求，结构化设置知识点，可作为电网企业生产作业人员和管理人员的安全技能培训教材。

　　本书为《电网企业员工安全技能实训教材　变电运维》分册，全书共分9章：

　　第1章为基本安全要求，介绍了变电专业的基础安全知识，包括安全管理基本要求，保证安全的组织措施、技术措施及安全工器具的规范使用与管理。

第2章为生产作业安全管控标准化，结合现场工作实际，从作业计划管理、作业队伍管理、作业现场管理三方面详细介绍了生产作业管控的相关要求。

第3章为变电设备运维管理，介绍了设备巡视与集中监视、设备维护、运维一体化项目、智能巡检、设备典型缺陷及隐患等运维管理内容。

第4章为设备启动投运，系统介绍了新建变电站的生产准备工作，相关验收流程，启动验收时主设备及辅助设施的验收重点。

第5章为倒闸操作安全管理，对倒闸操作管理、防误操作管理及操作票管理做了详细介绍。

第6章为工作现场安全管理，从工作票管理、工作流程管控、一二次作业现场的安措管理详细介绍了变电作业现场的标准化作业流程及风险控制措施。

第7章为现场应急处置，从常见突发事件应急处置、应急处置培训与演练、应急物资保障等方面展开，指导变电运维人员防范和应对变电站各类突发事件。

第8章为故障及异常处理，从故障及异常处理的原则、步骤、汇报要求等方面展开，列举典型案例，提出相应危险点，指导变电运维人员正确处理各类故障及异常。

第9章为典型违章及典型误操作案例，列举了变电专业的典型违章及误操作事故案例。

本丛书由国网泰州供电公司组织编写，卜荣、徐国栋担任主编，统筹负责整套丛书的策划组织、方案制定、编写指导和审核定稿。公司各专业部门和单位具体承担编写任务，本书的统筹策划由副主编姚维俊、李勇、王大成、胡万剑负责，本书第1、4章由仇德军、纪欣颖编写，第2、6章由杨祯浩、夏昊编写，第3章由时维俊、闻丹银、杨磊编写，第5章由杨磊、戴红波编写，第7章由闻丹银、戴红波编写，第8章由闻丹银、时维俊编写，第9章由夏昊、纪欣颖编写，张志成、翁玉翔、季克松、朱天仪、陈剑补充编写 500kV 电压等级变电运维安全技能相关内容，叶玉栋、毕建勋、马越、耿阳、耿亚明负责审核统稿。本书编写过程中，有关专家、学者通过线上、线下等方式提出了宝贵修改建议与意见，在此表示由衷感谢。

由于编写人员水平有限，书中难免存在不妥或疏漏之处，恳请广大读者批评指正。

编　者

2022 年 7 月

目 录

第1章 基本安全要求

变电站的安全运行对整个电网的安全及可靠供电至关重要，因此变电运维人员必须严格遵守并执行各类安全规章制度，以保障电网、设备和人身安全。

1.1 一般安全要求

1.1.1 变电作业基本条件

1.1.1.1 作业人员基本条件

（1）作业人员每两年至少一次体格检查，并且无妨碍工作的病症。

（2）具备必要的电气知识和业务技能，且按工作性质，熟悉电力安全工作规程的相关部分，并经考试合格。

（3）具备必要的安全生产知识，学会紧急救护法，特别要学会触电急救。

（4）进入作业现场应正确佩戴安全帽，并且穿全棉长袖工作服。

（5）接受相应的安全生产教育和岗位技能培训，经考试合格上岗。

（6）电力安全工作规程每年考试一次，因故间断电气工作连续三个月以上者，应重新学习规程，并经考试合格后方能恢复工作。

（7）新参加电气工作的人员、实习人员和临时参加劳动的人员（管理人员、非全日制用工等），经过安全知识教育后方可下现场参加指定的工作，并且不得单独工作。

1.1.1.2 现场作业基本条件

（1）现场的生产条件和安全设施等应符合有关标准、规范的要求。

（2）工作人员的劳动防护用品应合格、齐备，经常有人工作的场所宜配备急救箱，存放急救用品，并应指定专人经常检查、补充或更换。

（3）现场使用的安全工器具应合格并符合有关要求。

（4）各类作业人员应被告知其作业现场和工作岗位存在的危险因素、防范措施及事故紧急处理措施。

（5）任何人在现场发现有违反规程的情况，都应该立即制止，经纠正后才能恢复作业。

（6）各类作业人员有权拒绝违章指挥和强令冒险作业，在发现直接危及人身、电网和设备安全的紧急情况时，有权停止作业或者在采取可能的紧急措施后撤离作业场所，并立即报告。

1.1.2　变电运维安全作业要点

为加强生产作业安全全过程管控，提升现场安全风险管控能力，现梳理运维人员现场作业安全基本要求如下：

（1）核实施工单位及现场作业人员是否已办理双准入手续，临时人员是否已现场交底及进行安全教育。

（2）针对大型基建、技改工程，运维单位要配置运维项目经理参与工程项目现场勘查、"三措一案"及全过程管控。

（3）在工作前，运维人员应依据工作计划、工作任务、作业环境，开展现场作业风险辨识和作业人员承载力分析，并审查工作票所列的安全措施是否完备，是否符合现场要求，并负责现场安全措施的布置实施。

（4）在许可工作前，工作许可人应会同工作负责人再次核实工作内容及地点、停电设备状态、接地装设位置等安全措施布置情况，并指明临近区域保留带电部分、相关危险点及注意事项。

（5）发现作业人员存在违章或危及设备安全行为时，运维人员应要求其立即停止作业并进行整改，整改完毕后方可恢复工作。

（6）对运行与检修或施工设备的交圈地带严防死守，针对近电作业现场，全过程现场安全监护。

（7）工作票终结时运维许可人要会同工作负责人进行检查，对工作内容进行验收，确认工作已全部完成，设备及安全措施已恢复至开工前状态，工作人员已全部撤离，材料工具已清理完毕，验收合格后方可办理终结手续。

（8）倒闸操作时要严格执行倒闸操作规范，不准擅自更改操作票，不准跳项操作，不准随意解除闭锁装置。

1.2 保证安全的组织措施

1.2.1 工作许可

1.2.1.1 变电站第一种工作票

变电站第一种工作票应在现场办理许可手续，工作许可人在完成施工现场的安全措施后，还应完成以下手续：

（1）会同工作负责人到现场再次检查所做的安全措施，对具体的设备指明实际的隔离措施，证明检修设备确无电压。

（2）对工作负责人指明带电设备的位置和注意事项。

（3）和工作负责人在工作票上分别确认、签名。

1.2.1.2 变电站第二种工作票

变电站第二种工作票可采取电话许可方式并录音，工作许可人和工作负责人均应做好记录。采取电话许可的工作票，工作所需安全措施可由工作人员自行布置，工作结束后汇报工作许可人。以下工作可采取电话许可方式，否则也必须采用现场当面许可方式：

（1）变电站绿化维护、环境卫生清扫工作。

（2）变电站空调除湿机维修保护（不接电）。

（3）变电站火灾报警装置维修保护（不登高作业）。

（4）周界报警系统维护。

（5）视频监控柜维修保护（不含探头作业现场）。

（6）SF_6 报警装置修理（不含探头作业现场）。

（7）变电站围墙修理、非设备区域土建作业。

（8）污水池（人员不入池作业）、排水泵等相关修理工作。

（9）不接触设备的测温、巡检等工作。

（10）门禁、房屋门锁修理作业。

（11）县市公司的信通人员在通信机房的作业。

（12）其他不需要打开设备防护装置的不停电维修保护、巡检和查勘工作。

1.2.1.3 动火工作票

动火工作票是工作人员动火工作的书面依据，也是明确安全职责、保证作业安全的组织措施。

动火工作票一式 4 份，一份由动火工作负责人收执，一份由动火执行人收执，一份保存在公司安全管理部门（一级动火工作票）或动火部门（二级动火工作票），一份交运维许可人收执。安全管理部门或动火部门收执的一份票必须在动火前送达。

动火工作现场需要采取防触电隔离、防火隔离、冲洗等安全措施者，应在动火工作票上注明。动火工作票采取现场许可。动火工作负责人正确安全组织动火工作，落实动火工作有关要求，负责动火方应做的安全措施并使其完善。运维许可人确认动火工作范围内停电的设备（涉电区域情况下的动火工作），装设动火工作范围相关的隔离措施。安全措施布置后，运维许可人还应确认以下手续：

（1）工作票所列安全措施是否正确完备，是否符合现场条件。

（2）动火设备与运行设备是否确已隔绝。

（3）向工作负责人现场交代运行所做的安全措施。

（4）应清除动火现场及周围的易燃物品，或采取其他有效的安全防火措施，配备足够适用的消防器材。

（5）动火工作负责人和运维许可人双方确认安全措施已全部执行后签名，并由运维许可人填写许可时间。

1.2.2 工作监护

运维工作人员许可手续完成后，工作负责人和专责监护人向工作班成员交代工作内容、人员分工、带电部位和现场安全措施，进行危险点告知并履行确认手续后，工作班方可开始工作。工作负责人和专责监护人应该始终在工作现场，对工作班人员的安全认真监护，及时纠正不安全的行为。

工作票签发人或工作负责人应根据现场的安全条件、施工范围、工作需要等具体情况，增设专责监护人和确定被监护的人员。专责监护人不得兼做其他工作，有情况临时离开时，应该通知被监护人员停止工作或离开工作现场，待专责监护人回来后方可恢复工作。若专责监护人必须长时间离开工作现场时，由工作负责人变更专责监护人，履行变更手续并告知全体被监护人员。

工作期间，工作负责人若因故暂时离开工作现场时，需要指定能胜任的人员临时代替，离开前应将工作现场交代清楚，并告知工作班成员。原工作负责人返回工作现场时，也应履行同样的交接手续。若工作负责人必须长时间离开工作现场时，由原工作票签发人变更工作负责人，履行变更手续并告知全体作业人员及运维工作许可人。

1.2.3　工作间断、转移

工作间断、转移和终结制度指在工作间断时，工作班人员要撤离作业现场。每日收工和次日复工时，工作负责人需要电话告知工作许可人，并重新认真检查确认安全措施是否符合工作票要求。间断后继续工作时，若无工作负责人或专责监护人带领，作业人员不得进入工作地点，若工作间断后所有安全措施和接线方式保持不变，工作票可由工作负责人执存。

在未办理工作票终结手续以前，任何人员不准对停电设备合闸送电。在工作间断期间，若有紧急需要，运维人员可在工作票未交回的情况下合闸送电，但应先通知工作负责人，在得到工作班全体人员已经离开工作地点、可以送电的答复后方可执行，并应采取下列措施：

（1）拆除临时遮栏、接地线和标示牌，恢复常设遮栏，换挂"止步，高压危险！"的标示牌。

（2）应在所有道路派专人守候，以便告诉工作班人员"设备已经合闸送电，不得继续工作"。守候人员在工作票未交回以前，不得离开守候地点。

检修工作结束以前，若需将设备试加工作电压，应按下列条件进行：

（1）全体作业人员撤离工作地点。

（2）将该系统的所有工作票收回，拆除临时遮栏、接地线和标示牌，恢复常设遮栏。

（3）应在工作负责人和运维人员进行全面检查无误后，由运维人员进行加压试验。

在同一电气连接部分用同一张工作票依次在几个工作地点转移工作时，全部安全措施由运维人员在开工前一次做完，不需再办理转移手续，但是工作负责人在转移工作地点时，需要向作业人员交代带电范围、安全措施和注意事项。

1.2.4　工作终结

1.2.4.1　变电第一种工作票

全部工作结束后，工作班人员需要清扫、整理现场，恢复原样。工作负责人应先周密地检查，待全体作业人员撤离工作地点后，再向运维人员交代所修项目、发现的问题、试验结果和存在问题等，并与运维人员共同检查设备状况、状态，有无遗留物件、是否清洁等，然后在工作票上填明工作结束时间，经双方签名后，表示工作终结。

待工作票上的临时遮栏全部拆除后，将各类标示牌取下，恢复常设遮栏，未拆除的接地线、未拉开的接地开关（装置）等设备运行方式汇报调控人员后，工作票方告终结。只有在同一停电系统的所有工作票都已终结，并得到值班调控人员或运维负责人的许可指令后，方可进行合闸送电。

1.2.4.2　变电第二种工作票

采取电话许可方式的工作票在工作结束后，由工作人员拆除工作所布置的安全措施，恢复现场后，电话通知工作许可人办理终结并且录音，各自做好记录。否则必须采用现场当面终结方式。

1.2.4.3　动火工作票

动火工作完毕后，动火执行人、消防监护人、动火工作负责人和运维许可人应检查现场有无残留火种，是否清洁等。确认无问题后，在动火工作票上填明动火工作结束时间，经四方签名后盖上"已终结"印章，动火工作方告终结。

已终结的动火工作票应保存一年。

1.3 保证安全的技术措施

1.3.1 停电

设备不停电时的安全距离见表 1-1。在工作地点应停电的设备如下。

（1）检修的设备。

（2）进行作业人员在工作中正常活动范围与设备带电部分的安全距离小于表 1-2 规定的设备。

表 1-1　　　　　　　　设备不停电时的安全距离

电压等级（kV）	安全距离（m）	电压等级（kV）	安全距离（m）
10 及以下（13.8）	0.70	1000	8.70
20、35	1.00	±50 及以下	1.50
66、110	1.50	±400	5.90
220	3.00	±500	6.00
330	4.00	±660	8.40
500	5.00	±800	9.30
750	7.20		

注　1. 表中未列电压等级按高一档电压等级确定安全距离。

　　2. ±400kV 数据是按海拔 3000m 校正的，海拔 4000m 时安全距离为 6.00m。750kV 数据是按海拔 2000m 校正的，其他等级数据按海拔 1000m 校正。

表 1-2　　　　作业人员工作中正常活动范围与设备带电部分的安全距离

电压等级（kV）	安全距离（m）	电压等级（kV）	安全距离（m）
10 及以下（13.8）	0.35	1000	9.50
20、35	0.60	±50 及以下	1.50
66、110	1.50	±400	6.70[*]
220	3.00	±500	6.80
330	4.00	±660	9.00
500	5.00	±800	10.10
750	8.00[**]		

[*]　±400kV 数据是按海拔 3000m 校正的，海拔 4000m 时安全距离为 6.80m。

[**]　750kV 数据是按海拔 2000m 校正的，其他等级数据按海拔 1000m 校正。

（3）在 35kV 及以下的设备处工作，安全距离虽大于表 1-2 规定，但小于表 1-1 规定，同时又无绝缘隔板、安全遮栏措施的设备。

（4）带电部分在作业人员后面、两侧、上下，且无可靠安全措施的设备。

（5）其他需要停电的设备。

检修设备停电，首先要把各方面的电源完全断开（任何运行中的星形接线设备的中性点，视为带电设备），禁止在只经断路器断开电源或只经换流器闭锁隔离电源的设备上工作。其次要拉开隔离开关，手车开关拉至试验或检修位置，使各方面有一个明显的断开点，若无法观察到停电设备的断开点，要有能够反映设备运行状态的电气和机械等指示。

与停电设备有关的变压器和电压互感器，要将设备各侧断开，防止其向停电检修设备反送电。检修设备和可能来电侧的断路器、隔离开关需要断开控制电源和合闸能源，隔离开关操作把手应锁住，确保不会误送电，对难以做到与电源完全断开的检修设备，可以拆除设备与电源之间的电气连接装置。

1.3.2　验电

验电时应正确佩戴绝缘手套，并且使用相应电压等级且合格的接触式验电器，在装设接地线或合接地开关（装置）处对各相分别验电。验电前，应先在有电设备上进行试验，确认验电器良好，若无法在有电设备上进行试验时，可用工频高压发生器等确认验电器良好。验电时验电器的伸缩式绝缘棒长度应拉足，手应握在手柄处不得超过护环，人体应与验电设备保持表 1-1 中规定的距离。雨雪天气时不得进行室外直接验电。

对无法进行直接验电的设备和雨雪天气时的户外设备，可以进行间接验电，即通过设备的机械指示位置，电气指示、带电显示装置，仪表及各种遥测、遥信等信号的变化来判断。判断设备是否带电时，至少应有 2 个非同样原理或非同源的指示发生对应变化，且所有这些确定的指示均已同时发生对应变化，才能确认该设备已无电。

1.3.3　接地

接地线、接地开关与检修设备之间不得连有断路器或熔断器，若由于设备原因使接地开关与检修设备之间连有断路器，则在接地开关和断路器合上后，需要有保证断路器不会分闸的措施。

装、拆接地线导体端均应使用绝缘棒和戴绝缘手套，人体不得直接碰触接地线或未接地的导线，防止触电。装设接地线时应先接接地端，后接导体端，接地线应接触良好、连接可靠，拆接地线的顺序与此相反。带接地线拆设备接头时，应采取防止接地线脱落的措施。

禁止各类作业人员擅自移动或拆除接地线，若因工作原因必须要拆除全部或一部分接地线后方能进行工作，如：

（1）拆除一相接地线。

（2）拆除接地线，保留短路线。

（3）将接地线全部拆除或拉开接地开关（装置）。

进行上述工作应征得运维人员的许可（根据调控人员指令装设的接地线，应征得调控人员的许可），方可进行，工作完毕后应立即恢复。变电站装、拆接地线，运维人员必须要做好记录，交接班时交代清楚。

1.3.4 悬挂标示牌和装设遮栏（围栏）

1.3.4.1 基本要求

在一经合闸即可送电到工作地点的断路器和隔离开关的操作把手上，悬挂"禁止合闸，有人工作！"的标示牌，如果线路上有人工作，在线路断路器和隔离开关操作把手上悬挂"禁止合闸，线路有人工作！"的标示牌。对由于设备原因使得接地开关与检修设备之间连有断路器的，在接地开关和断路器合上后，在断路器操作把手上应悬挂"禁止分闸！"的标示牌。在显示屏上进行操作的断路器和隔离开关的操作处应设置"禁止合闸，有人工作！"或"禁止合闸，线路有人工作！"以及"禁止分闸！"的标记。

部分停电的工作，安全距离小于表1-1规定距离以内的未停电设备，需要装设临时遮栏，临时遮栏与带电部分的距离不得小于表1-2的规定数值，临时遮栏可用干燥木材、橡胶或其他坚韧绝缘材料制成，装设应牢固，并悬挂"止步，高压危险！"的标示牌。35kV及以下设备可用与带电部分直接接触的绝缘隔板代替临时遮栏。

禁止作业人员擅自移动或拆除遮栏（围栏）、标示牌，因工作原因必须短时间移动或拆除遮栏（围栏）、标示牌的，必须征得工作许可人同意，并在工作负责人的监护下进行，完毕后应立即恢复。

1.3.4.2 室内高压设备悬挂要求

在室内高压设备上工作，需要在工作地点两旁及对面运行设备间隔的遮栏（围栏）上和禁止通行的过道遮栏（围栏）上悬挂"止步，高压危险！"的标示牌。高压开关柜内手车开关拉出后，隔离带电部位的挡板封闭后禁止开启，并设置"止步，高压危险！"的标示牌。

1.3.4.3 室外高压设备悬挂要求

在室外高压设备上工作，需要在工作地点四周装设围栏，其出入口要围至临近道路旁边，并设有"从此进出！"的标示牌，工作地点四周围栏上悬挂适当数量的"止步，高压危险！"标示牌，标示牌应朝向围栏里面。

在室外构架上工作，则应在工作地点邻近带电部分的横梁上悬挂"止步，高压危险！"的标示牌。在作业人员作业时上下攀爬的铁架或梯子上，应悬挂"从此上下！"的标示牌，在邻近其他可能误登的带电构架上，应悬挂"禁止攀登，高压危险！"的标示牌。

1.4 安全工器具的规范使用与管理

1.4.1 安全工器具分类

1.4.1.1 个体防护装备

个体防护装备是指保护人体避免受到急性伤害而使用的安全用具，包括安全帽、防护眼镜、自吸过滤式防毒面具、正压式消防空气呼吸器、安全带、安全绳、连接器、速差自控器、导轨自锁器、缓冲器、安全网、静电防护服、防电弧服、耐酸服、SF_6防护服、耐酸手套、耐酸靴、导电鞋（防静电鞋）、个人保安线、SF_6气体检漏仪、含氧量测试仪及有害气体检测仪等。

1.4.1.2 辅助绝缘安全工器具

辅助绝缘安全工器具是指绝缘强度不是承受设备或线路的工作电压，只是用于加强基本绝缘工器具的保安作用，用以防止接触电压、跨步电压、泄漏电流电弧对操作人员的伤害，包括辅助型绝缘手套、辅助型绝缘靴（鞋）和辅助型绝缘胶垫。

1.4.1.3 安全围栏（网）和标示牌

安全围栏（网）包括用各种材料做成的安全围栏、安全围网和红布幔，标示牌包括各种安全警告牌、设备标示牌、锥形交通标、警示带等。

1.4.2 安全工器具检查与使用

安全工器具检查分为出厂验收检查、试验检验检查和使用前检查，使用前应检查合格证和外观。

1.4.2.1 安全帽

1．检查要求

（1）永久标识和产品说明等标识清晰完整，安全帽的帽壳、帽衬（帽箍、吸汗带、缓冲垫及衬带）、帽箍扣、下颏带等组件完好无缺失。

（2）帽壳内外表面应平整光滑，无划痕、裂缝和孔洞，无灼伤、冲击痕迹。

（3）帽衬与帽壳连接牢固，后箍、锁紧卡等开闭调节灵活，卡位牢固。

（4）使用期从产品制造完成之日起计算，塑料安全帽不得超过2年半。

2．使用要求

（1）任何人员进入生产、施工现场必须正确佩戴安全帽。针对不同的生产场所，根据安全帽产品说明选择适用的安全帽。

（2）安全帽戴好后，应将帽箍扣调整到合适的位置，锁紧下颏带，防止安全帽在工作中前倾后仰或其他原因造成滑落。

（3）受过一次强冲击或做过试验的安全帽不能继续使用，应予以报废。

（4）高压近电报警安全帽使用前应检查其音响部分是否良好，其不得作为无电的依据。

1.4.2.2 辅助型绝缘手套

1．检查要求

（1）辅助型绝缘手套的电压等级、制造厂名、制造年月等标识清晰完整。

（2）手套应质地柔软良好，内外表面均应平滑、完好无损，无划痕、裂缝、折缝和孔洞等缺陷。

（3）用卷曲法或充气法检查手套有无漏气现象。

2．使用要求

（1）辅助型绝缘手套应根据使用电压的高低、不同防护条件来选择。

（2）作业时，应将上衣袖口套入绝缘手套筒口内。

（3）按照电力安全工作规程有关要求进行设备验电、倒闸操作、装拆接地线等工作时应戴绝缘手套。

1.4.2.3 辅助型绝缘靴（鞋）

1．检查要求

（1）辅助型绝缘靴（鞋）的鞋帮或鞋底上的鞋号、生产年月、标准号、电绝缘字样（或英文 EH）、闪电标记、耐电压数值、制造商名称、产品名称、电绝缘性能出厂检验合格印章等标识清晰完整。

（2）绝缘靴（鞋）应无破损，宜采用平跟，鞋底应有防滑花纹，鞋底（跟）磨损不超过 1/2。鞋底不应出现防滑花纹磨平、外底磨得露出绝缘层等现象。

2．使用要求

（1）辅助型绝缘鞋（靴）应根据使用电压的高低、不同防护条件来选择。

（2）穿用电绝缘皮鞋和电绝缘布面胶鞋时，其工作环境应能保持鞋面干燥。在各类高压电气设备上工作时，使用电绝缘鞋可配合基本安全用具（如绝缘棒、绝缘夹钳）触及带电部分，并要防护跨步电压所引起的电击伤害。

（3）使用绝缘靴时，应将裤管套入靴筒内。

（4）穿用电绝缘鞋应避免接触锐器、高温、腐蚀性和酸碱油类物质，防止鞋受到损伤进而影响电绝缘性能。

1.4.2.4 安全带

1. 检查要求

（1）商标、合格证和检验证等标识清晰完整，各部件完整无缺失、无伤残破损。

（2）腰带、围杆带、肩带、腿带等带体无灼伤、脆裂及霉变，表面不应有明显磨损及切口；围杆绳、安全绳无灼伤、脆裂、断股及霉变，各股松紧一致，绳子应无扭结；护腰带接触腰部部分应垫有柔软材料，边缘圆滑无角。

（3）织带折头连接应使用缝线，不应使用铆钉、胶粘、热合等工艺，缝线颜色与织带应有区分。

（4）金属配件表面光洁，无裂纹、无严重锈蚀和目测可见的变形，配件边缘应呈圆弧形；金属环类零件不允许使用焊接，不应留有开口。

（5）金属挂钩等连接器应有保险装置，应在 2 个及以上明确的动作下才能打开，且操作灵活。钩体和钩舌的咬口必须完整，两者不得偏斜。各调节装置应灵活可靠。

2. 使用要求

（1）围杆作业安全带一般使用期限为 3 年，区域限制安全带和坠落悬挂安全带的使用期限为 5 年，如发生坠落事故，则应由专人进行检查，如有影响性能的损伤，则应立即更换。

（2）应正确选用安全带。其功能应符合现场作业要求，如需多种条件下使用，在保证安全的前提下，可选用组合式安全带（区域限制安全带、围杆作业安全带、坠落悬挂安全带等的组合）。

（3）安全带穿戴好后应仔细检查连接扣或调节扣，确保各处绳扣连接牢固。

（4）2m 及以上的高处作业应使用安全带。

（5）在坝顶、陡坡、屋顶、悬崖、杆塔、吊桥以及其他危险的边沿进行工作，临空一面应装设安全网或防护栏杆，否则，作业人员应使用安全带。

（6）在没有脚手架或者在没有栏杆的脚手架上工作，高度超过 1.5m 时，应使用安全带。

（7）在电焊作业或其他有火花、熔融源等场所使用的安全带或安全绳应有隔热防磨套。

（8）安全带的挂钩或绳子应挂在结实牢固的构件或专为挂安全带用的钢丝绳上，并应采用高挂低用的方式。

（9）高处作业人员在转移作业位置时不准失去安全保护。

（10）禁止将安全带系在移动或不牢固的物件上（如隔离开关支持的绝缘子、瓷横担、未经固定的转动横担、线路支柱绝缘子、避雷器支柱绝缘子等）。

（11）登杆前，应进行围杆带和后备绳的试拉，无异常后方可继续使用。

1.4.2.5 电容型验电器

1．检查要求

（1）电容型验电器的额定电压（或额定电压范围）、额定频率（或额定频率范围）、生产厂名和商标、出厂编号、生产年份、适用气候类型（D、C 和 G）、检验日期及带电作业用符号（双三角）等标识清晰完整。

（2）验电器的各部件，包括手柄、护手环、绝缘元件、限度标记（在绝缘杆上标注的一种醒目标志，向使用者指明应防止标志以下部分插入带电设备中或接触带电体）和接触电极、指示器和绝缘杆等均应无明显损伤。

（3）绝缘杆表面应清洁、光滑，绝缘部分应无气泡、皱纹、裂纹、划痕、硬伤、绝缘层脱落、严重的机械或电灼伤痕。伸缩型绝缘杆各节配合合理，拉伸后不应自动回缩。

（4）指示器应密封完好，表面应光滑、平整。

（5）手柄与绝缘杆、绝缘杆与指示器的连接应紧密牢固。

（6）自检 3 次，指示器均应有视觉和听觉信号出现。

2．使用要求

（1）验电器的规格必须符合被操作设备的电压等级，使用验电器时，应轻拿轻放。

（2）操作前，验电器杆表面应用清洁的干布擦拭干净，使表面干燥、清洁。并在有电设备上进行试验，确认验电器良好；无法在有电设备上进行试验时可用高压发生器等确认验电器良好。如在木杆、木梯或木架上验电，不接地不能指示时，经运行值班负责人或工作负责人同意后，可在验电器绝缘杆尾部接上接地线。

（3）操作时应戴绝缘手套，穿绝缘靴。使用抽拉式电容型验电器时，绝缘杆应完全拉开。人体应与带电设备保持足够的安全距离，操作者的手握部位不得越过护环，以保持有效的绝缘长度。

（4）非雨雪型电容型验电器不得在雷、雨、雪等恶劣天气时使用。

（5）使用操作前，应自检一次，声光报警信号应无异常。

1.4.2.6 绝缘杆

1．检查要求

（1）绝缘杆的型号规格、制造厂名、制造日期、电压等级及带电作业用符号（双三角）等标识清晰完整。

（2）绝缘杆的接头不管是固定式的还是拆卸式的，连接都应紧密牢固，无松动、锈蚀和断裂等现象。

（3）绝缘杆表面应光滑，绝缘部分应无气泡、皱纹、裂纹、绝缘层脱落、严重的机械或电灼伤痕，玻璃纤维布与树脂间黏结完好不得开胶。

（4）握手的手持部分护套与操作杆连接紧密、无破损，不产生相对滑动或转动。

2．使用要求

（1）绝缘杆的规格必须符合被操作设备的电压等级，切不可任意取用。

（2）操作前，绝缘杆表面应用清洁的干布擦拭干净，使表面干燥、清洁。

（3）操作时，人体应与带电设备保持足够的安全距离，操作者的手握部位不得越过护环，以保持有效的绝缘长度，并注意防止绝缘杆被人体或设备短接。

（4）为防止因受潮而产生较大的泄漏电流危及操作人员的安全，在使用绝缘杆拉合隔离开关或经传动机构拉合隔离开关和断路器时，均应戴绝缘手套。

（5）雨天在户外操作电气设备时，绝缘杆的绝缘部分应有防雨罩，罩的上口应与绝缘部分紧密结合，无渗漏现象，以便阻断流下的雨水，使其不致形成连续的水流柱而大大降低湿闪电压。另外，雨天使用绝缘杆操作室外高压设备时，还应穿绝缘靴。

1.4.2.7　携带型短路接地线

1．检查要求

（1）接地线的厂家名称或商标、产品的型号或类别、接地线横截面积（mm²）、生产年份及带电作业用符号（双三角）等标识清晰完整。

（2）高压接地线的多股软铜线截面积不得小于 25mm²；低压接地线的多股软铜线截面积不得小于 16mm²，其他要求同个人保安接地线。

（3）接地操作杆的要求同绝缘杆。

（4）线夹完整、无损坏，与操作杆连接牢固，有防止松动、滑动和转动的措施。应操作方便，安装后应有自锁功能。线夹与电力设备及接地体的接触面应无毛刺，紧固力应不致损坏设备导线或固定接地点。

2．使用要求

（1）接地线的截面应满足装设地点短路电流的要求，长度应满足工作现场需要。

（2）经验明确无电压后，应立即装设接地线并三相短路（直流线路两极接地线分别直接接地），利用铁塔接地或与杆塔接地装置电气上直接相连的横担接地时，允许每相分别接地，对于无接地引下线的杆塔，可采用临时接地体。

（3）装设接地线时应先接接地端，后接导线端，接地线应接触良好、连接应可靠。拆接地线的顺序与装设备时相反，人体不准碰触未接地的导线。

（4）装、拆接地线均应使用满足安全长度要求的绝缘棒或专用的绝缘绳。

（5）禁止使用其他导线作接地线或短路线，禁止用缠绕的方法进行接地或短路。

（6）设备检修时模拟盘上所挂接地线的数量、位置和接地线编号，应与工作票和操作票所列内容一致，与现场所装设的接地线一致。

1.4.2.8　正压式消防空气呼吸器

1．检查要求

（1）标识清晰完整，无破损。

（2）使用前应检查正压式呼吸器气罐表计压力是否在合格范围内。

（3）检查面具的完整性和气密性，面罩密合框应与佩戴者颜面密合，无明显压痛感。

2．使用要求

（1）使用者应根据其面型尺寸选配适宜的面罩号码。

（2）使用时应注意有无泄漏。

1.4.3 安全工器具保管、试验与报废

1.4.3.1 保管

班组应配置充足、合格的安全工器具，建立统一分类的安全工器具台账和编号方法，定期开展安全工器具清查盘点，确保做到账、卡、物一致。具体要求如下：

（1）安全工器具领用、归还应严格履行交接和登记手续。领用时，保管人和领用人应共同确认安全工器具有效性，确认合格后，方可出库；归还时，保管人和使用人应共同进行清洁整理和检查确认，检查合格的返库存放，不合格或超试验周期的应另外存放，做出"禁用"标识，并停止使用。

（2）安全工器具宜根据产品要求存放于合适的温度、湿度及通风条件处，与其他物资材料、设备设施应分开存放。

（3）班组配置的安全工器具，应明确专人负责管理、维护和保养。个人使用的安全工器具，使用者负责管理、维护和保养，班组安全员不定期抽查安全工器具使用维护情况。

（4）安全工器具在保管及运输过程中应防止损坏和磨损，绝缘安全工器具应做好防潮措施。

1.4.3.2 试验

安全工器具应通过国家、行业标准规定的型式试验，以及出厂试验和预防性试验，不同的安全工器具按照试验周期进行检验。具体要求如下。

（1）安全工器具应由具有资质的安全工器具检验机构进行检验。使用期间应按规定做好预防性试验，应进行预防性试验的安全工器具主要有以下几种：

1）规程要求进行试验的安全工器具。

2）新购置和自制的安全工器具使用前。

3）检修后或关键零部件经过更换的安全工器具。

4）对其机械、绝缘性能发生疑问或发现缺陷的安全工器具。

5）发现质量问题的同批次安全工器具。

（2）各级单位安全工器具检测试验机构负责所属单位安全工器具的试验检验及技术监督工作。

（3）安全工器具经预防性试验合格后，应由检验机构在合格的安全工器具上（不妨碍绝缘性能、使用性能且醒目的部位）牢固粘贴"合格证"标签或可追溯的唯一标识，并出具检测报告。

1.4.3.3　报废

安全工器具符合下列条件之一者，即予以报废处理。

（1）经试验或检验不符合国家或行业标准的。

（2）超过有效使用期限，不能达到有效防护功能指标的。

（3）外观检查明显损坏且影响安全使用的。

报废的基本要求如下：

（1）及时清理，不得与合格的安全工器具存放在一起。

（2）严禁使用报废的安全工器具。

（3）报废的安全工器具应做破坏处理，并撕毁"合格证"。

（4）安全工器具报废情况应纳入管理台账做好记录，存档备查。

第2章　生产作业安全管控标准化

电力工程停、送电操作频繁，各类作业面广点多，因此管住计划、队伍、人员、现场是规范倒闸操作、加强检修作业现场安全管控、提升改扩建工程和设备运维质量、杜绝人员责任事故发生的重中之重。

2.1　作业计划管理

2.1.1　计划管控概述

1．计划管控的重要性

管住计划是源头，计划管理是建立和维持良好生产作业秩序的前提，各级管理者根据任务进展、作业风险情况，科学组织施工、管理等资源力量投入，有针对性地部署安全防范措施，实现对作业风险的有效防控。管住计划就是要求各级管理人员抓牢作业计划这一龙头，通过严格的计划管控，做到对作业组织管理的超前谋划和超前准备，强化作业计划编审批管理，准确辨识、评估作业风险，合理制定风险控制措施，实现风险的超前预防和事故防范关口前移，为"管住队伍、管住人员、管住现场"提供管理和资源的源头保障。

2．规范作业计划流程管控

各级专业管理部门按照"谁主管、谁负责"分级管控要求，严格执行"月计划、周安排、日管控"制度，加强作业计划与风险管控，健全计划编制、审批和发布工作机制，明确各专业计划管理人员，落实管控责任。按照作业计划全覆盖的原则，将各类作业计划纳入管控范围，应用移动作业手段精准安排作业任务，坚决杜绝无计划作业。

2.1.2 计划编制原则

应贯彻状态检修、综合检修的基本要求，按照"六优先、九结合"的原则，科学编制作业计划，具体内容如下。

（1）六优先。人身风险隐患优先处理；重要变电站（换流站）隐患优先处理；重要输电线路隐患优先处理；严重设备缺陷优先处理；重要用户设备缺陷优先处理；新设备及重大生产改造工程优先安排。

（2）九结合。生产检修与基建、技改、用户工程相结合；线路检修与变电检修相结合；二次系统检修与一次系统检修相结合；辅助设备检修与主设备检修相结合；2个及以上单位维护的线路检修相结合；同一停电范围内有关设备检修相结合；低电压等级设备检修与高电压等级设备检修相结合；输变电设备检修与发电设备检修相结合；用户检修与电网检修相结合。

2.1.3 计划管控要求

2.1.3.1 计划作业

1．严格落实风险预警工作

各单位提报的年、季、月度设备停电计划，如果符合六级及以上电网事件，运维单位要同步报送与设备停电计划相关的电网薄弱方式预警。对于产生预警的设备停电计划，运维单位要按照公司相关管理规定，切实做好电网运行方式调整、运行设备特巡特护、重要用户告知、事故预案制订及演练等各项预警预控工作。

2．按"综合平衡、一停多用"原则安排作业

统筹同一变电站或输变电设备单元的大修、技改、基建施工等多项综合工作，减少设备重复停电次数。二次设备停电不应影响一次设备状态，确需一次设备配合停电的二次设备作业（如首年全检、重大隐患治理），应与一次设备停电结合，如无法结合一次设备停电开展，应由运维单位提出正式说明，经调控单位审批后单独安排。

3．作业计划应统筹考虑时间、设备及人员条件

原则上，不安排小于电网最小运行方式的停电，不安排电网主要设备在重要保电期、用电高峰期、自然条件恶劣时期停电。设备停电计划及基建工程投产应避开重要节假日，原则上，重要节假日期间不安排设备停电及基建工程投产，重要保电及节假日前后三天内，不安排影响电铁牵引站供电的设备停电及基建施工陪停，不安排现场作业风险较大、对主网安全有较大影响的设备停电。作业计划应考虑运维单位安全管控能力和人员承载能力。原则上，同一时间内同一单位不得安排2个以上重大技改工程、基建项目停电作业，不安排由单线供电（含同塔并架线路供电）引起的2个以上五级电网薄弱方式。

2.1.3.2　临时性工作（抢修和紧急消缺工作）

1. 严禁出现任何形式的无计划作业

所有作业任务（包括临时性工作）均必须纳入计划管控。当且仅当发生临时性工作时方可执行计划日管控，由工作负责人在作业现场使用手持设备在安全管控模块录入抢修工作计划，并由运维人员在现场进行许可。

2. 严格执行临时性工作审批制度

临时性工作应加强内部审核，视设备电压等级、缺陷等级、缺陷发展趋势等因素报送专业管理部门进行审核或报备，运维人员应及时跟踪缺陷发展情况，对危急缺陷及有发展劣化趋势的严重缺陷，各运检单位、县（区）公司运检部制定处置措施或方案，并以电话、短信或微信等形式报送公司专业管理部门，其中220kV及以上电压等级设备应经公司运检部和调控中心审核，110kV及以下设备应向运检部和调控中心报备。临时性工作结束后应做好有关工作的原始记录并将正式分析报告报送专业管理部门。

3. 规范临时性工作前期流程

根据工作任务，由工作负责人组织运维检修人员现场查勘临时性工作需要停电的范围、保留的带电部位、装设接地线的位置、邻近线路、交叉跨越、多电源、自备电源、地下管线设施和作业现场的条件、环境及其他影响作业的危险点，提出针对性的安全措施和注意事项，重要、复杂作业需要会同运维人员共同进行查勘，需要停电处理的临时性工作，应由运维人员按照工作负责人要求报送停电申请。可通过带电作业方式处理的临时性工作，如需停用重合闸，应由工作许可人与值班调控人员联系申请停用重合闸并通过后方能许可工作。

2.1.3.3 运维管控重点

1．加强宣贯学习

深刻认识管住计划是管控现场作业人员人身安全的根本要求，是保证作业现场可控的安全底线，运维班要迅速组织运维人员进行宣贯学习，检修工区负责协同做好工作部署，确保各个作业单位清楚掌握，及时纠正并抓好常态治理工作。

2．抓好过程落实

各级安监部门是管住计划的归口部门，运维单位是计划的实施部门，需要配合完成各个变电项目的计划进度管控、计划实施管控工作。同时运维单位要坚决扛起"三管三必须"责任，对承揽的项目计划正确性要亲自抓、亲自审，杜绝计划源头的"以包代管"现象。

2.2 作业队伍管理

2.2.1 落实外包安全管理责任

各级相关外包业务的项目主管部门是业务外包专业管理的责任部门，负责组织项目管理（实施）单位严格按照公司有关规定，对本专业外包业务实施安全质量管理及评价考核。电网设备运维单位应密切关注外包单位涉网作业，督促外包队伍在相关设备、场所等范围内的作业妥善落实预防人身、电网、设备等事故的安全措施。安质部门应针对外包管理关键环节及高危作业点，有针对性地加强监督检查。

2.2.2 实行安全资质入围审查

1．"安全事故一票否决"制度

新申请入围的外包队伍必须提交近 3 年内所承包的工程未发生较大人身伤亡事故和重大质量事故、近 1 年内未发生人身死亡事故和质量事故的相关证明材料。凡曾承担进网施工，并发生过安全事故、被取消招投标入围资格的外包单位，在其取缔期内，一律不予受理资质审查。

2．"重点队伍实地核查"制度

对"承接大型工程项目、上一年度综合评价较低、新进网施工"等外包队伍，除了审查纸质材料外，还应开展实地核查。重点核查其生产培训场所、人员配置、安全工器具、施工机械及车辆、安全管理制度、安全培训等情况，审查其实际安全施工能力，坚决杜绝"空壳"和挂靠单位。

2.2.3　实行外包队伍进场安全承载能力核查制度

各单位应要求外包队伍在签订合同和安全协议后5个工作日内向项目主管部门提供进场施工安全承载能力的核查材料，由项目主管部门组织项目管理（实施）单位进行核查。应提交的资料主要包括：

（1）项目安全管理机构及其人员配置情况。

（2）进场作业人员概况表。所有人员信息均应在业务外包管理信息系统存档备案。

（3）进场作业人员的安全教育培训记录及加盖本单位公章的电力安全工作规程考试成绩单。

（4）工程项目安全工器具配置清单（注明状态及试验情况）、进场人员个人劳保用品及安全防护用品配置清单，配置情况应符合要求。

（5）项目合同、专业分包及劳务分包计划。

对于核查不合格或不具备必要的安全条件的外包队伍（人员），项目管理（实施）单位应拒绝该队伍（人员）入场施工，并要求其限期整改。整改后仍无法达到要求的，应汇报项目主管部门并向项目招标管理单位通报情况，提出处理建议。

2.2.4　推行核心外包队伍班组同质化管理

运维管理单位应积极建立核心外包队伍培养机制，动员并督促长期合作、成绩突出的外包单位，参照公司生产班组的管理经验，从制度标准、安全活动、检查整改、教育培训、考核考评等方面，加强外包作业班组管理。必要时，运维管理单位可开展帮扶性督查、培训和指导。

2.2.5　规范执行外包队伍定期综合评价制度

各单位应每半年或一个季度，针对承接本单位外包业务的外包队伍开展综合评价。由外包归口管理部门组织，各专业管理部门（项目主管部门）、监督审计部门负责具体实施，依托业务外包管理相关信息系统，针对外包作业过程中发现的各类安全、质量、廉政、进度、合法合规等方面的问题，实施动态评价和管控。

评价结果应及时反馈至项目招标管理部门、专业管理部门（项目主管部门）、项目管理（实施）单位。对评价较差的外包队伍采取通报批评、停工学习、暂停资格等方式给予处理。每年年终，由外包归口管理部门会同专业管理部门，汇总外包队伍综合评价得分，以此作为下一年度合格入围和工程招标评标的依据。

外包队伍发生安全责任事故，以及违法转包、违规分包等情况时，一律停工整顿；情节严重的，应中断或取消其投标入围资格。

2.3 作业人员管理

2.3.1 强化人员准入资质把控

1．建立人员安全资信档案库

各单位对承接单位外包业务的队伍应建立人员安全资信档案库，对进入公司生产经营区域从事现场作业的人员实施全覆盖管理。

2．严格开展人员准入考试

（1）开展准入考试应严格采用统一专业考试题库，考试内容、专业设置、考试合格标准等应满足省公司要求。

（2）应统一安排现场监考，考场设置监控设备，并安排专人远程视频监考。

（3）安全准入考试应通过平台模块采取线上考试方式，考试结果及合格情况应及时记录至作业人员资信档案，作为安全准入的必要条件。

2.3.2 开展人员安全动态管控

1．对作业人员实行实名制管控

各单位应实施实名制管理，对承包单位及其作业人员实施全过程安全评价管理，落实安全失信惩处措施，强化承包单位和现场作业人员安全责任意识。

2．采取人员安全计分制

（1）对人员的作业全过程进行安全计分管理，并将相关计分和不良安全行为记录到平台中。

（2）在一个评价周期内（一般为 1 年）作业人员的安全计分实行累积制，并作为作业人员动态安全评分等级的标准。

2.3.3　实行外包作业现场人员、工器具动态管控制度

项目管理（实施）单位应动态建立外包队伍作业人员名册，将队伍、人员信息维护录入业务外包管理信息系统，采用二维码等形式，制作并发放外包作业证。作业证内应包含核查通过人员的相关信息。

所有外包项目的作业计划应纳入项目管理（实施）单位的生产计划一并进行管控，并同步安排安全督查计划。各级安全监督、专业项目管理和设备运维部门应依托安全管控平台对外包作业现场开展督查，积极采用移动监督检查信息系统，重点核查现场人员信息，开展安全能力测试，督查人员作业行为、工器具使用、安全防护、监理履职等情况，严防违章违规行为。

所有作业人员在作业现场必须正确使用安全工器具、施工机械机具及安全防护用品。重点要正确佩戴安全帽、近电报警装置（带电作业人员可不佩戴近电报警装置），穿全棉长袖工作服、绝缘鞋，杆上作业必须使用带后备保护绳的安全带，高处作业使用工具袋，传送物件使用绳索。

严禁违法转包、违规分包，劳务分包内容必须限定在劳务作业范围内。实施劳务分包的施工单位负责提供劳务分包队伍的安全工器具、个人防护用品及施工机械机具，同时施工单位管理人员必须与分包人员"同进同出"。劳务分包人员不得担任工作票签发人和工作负责人。

2.4　作业现场管理

2.4.1　现场勘察

1．需要运维配合现场勘察的作业项目

（1）变电站（换流站）主要设备现场解体、返厂检修和改（扩）建项目施

工作业。

（2）变电站（换流站）开关柜内一次设备检修和一、二次设备改（扩）建项目施工作业。

（3）土建工程施工中涉及开挖、吊装、脚手架等高风险施工作业。

（4）涉及多专业、多单位、多班组的大型复杂作业和非本班组管辖范围内的设备检修（施工）作业。

（5）变压器、电抗器等大型一次设备进场、安装使用起重机、挖掘机等大型机械的作业。

（6）工作票签发人或工作负责人认为有必要现场勘察的其他作业项目。

2．现场勘察组织

（1）现场勘察应在编制"三措"及填写工作票前完成。

（2）现场勘察由工作票签发人或工作负责人组织。

（3）现场勘察一般由工作负责人、设备运维管理单位和作业单位相关人员参加。

（4）对涉及多专业、多单位的大型复杂作业项目，应由项目主管部门、单位组织相关人员共同参与。

（5）承发包工程作业应由项目主管部门、单位组织，设备运维管理单位和作业单位共同参与。

（6）开工前，工作负责人或工作票签发人应重新核对现场勘察情况，发现与原勘察情况有变化时，应及时修正、完善相应的安全措施。

3．现场勘察主要内容

（1）需要停电的范围：作业中直接触及的电气设备，以及作业中机具、人员及材料可能触及或接近导致安全距离不能满足电力安全工作规程规定距离的电气设备。

（2）保留的带电部位：邻近、交叉、跨越等不需停电的线路及设备，双电源、自备电源、分布式电源等可能反送电的设备。

（3）作业现场的条件：装设接地线的位置，人员进出通道，设备、机械搬运通道及摆放地点，地下管沟、隧道、工井等有限空间，地下管线设施走向等。

（4）作业现场的环境：施工线路跨越铁路、电力线路、公路、河流等环境，作业对周边构筑物、易燃易爆设施、通信设施、交通设施产生的影响，作业可能对城区、人口密集区、交通道口、通行道路上人员产生的人身伤害风险等。

（5）站内交直流系统、二次接线（电缆编号、回路编号、端子牌号、线芯号）等实际核对情况。

（6）需要落实的"反事故措施"及设备遗留缺陷。

4．现场勘察记录

（1）现场勘察应填写现场勘察记录。

（2）现场勘察记录宜采用文字、图示和影像相结合的方式。记录内容包括工作地点需停电的范围，保留的带电部位，作业现场的条件、环境及其他危险点，应采取的安全措施，需附图与说明。

（3）现场勘察记录应作为工作票签发人、工作负责人及相关各方编制"三措"和填写、签发工作票的依据。

（4）现场勘察记录应由工作负责人收执。勘察记录应同工作票一起保存1年。

2.4.2　工作许可

现场履行工作许可前应完成以下手续。

（1）作业班组应提前做好作业所需工器具、材料等的准备工作。

（2）工作许可人会同工作负责人检查现场安全措施布置情况，应指明实际的隔离措施、带电设备的位置和注意事项，证明检修设备确无电压，并在工作票上分别签字确认。电话许可时由工作许可人和工作负责人分别记录双方姓名，并复诵核对无误。

（3）所有许可手续（工作许可人姓名、许可方式、许可时间等）均应记录在工作票上。若需其他单位配合停电的作业应履行书面许可手续。

2.4.3　验收要求及工作终结

1．验收工作要求

（1）验收工作由设备运维管理单位或有关主管部门组织，作业单位及有关单位参与验收工作。

（2）验收人员应掌握验收现场存在的危险点及预控措施，禁止擅自解锁和操作设备。

（3）已完工的设备均视为带电设备，任何人禁止在安全措施拆除后处理验收时发现的缺陷和隐患。

（4）工作结束后，工作班应清扫、整理现场，工作负责人应先进行周密检查，待全体作业人员撤离工作地点后，方可履行工作终结手续。

2．运维验收关键点

（1）一次设备应重点检查其安装工艺与质量，检查各个配件是否能满足其功能，及时收集并留存设备的铭牌与参数说明。

（2）二次设备验收时应及时进行保护定值核对工作，对于新投间隔需要进行防误闭锁校验，智能站设备电气与逻辑闭锁应分别进行校验。

（3）设备送电前应重点检查检修设备是否有遗留接地，避免安全事故的发生。

3．工作终结要求

（1）执行总、分工作票或多个小组工作时，总工作票负责人（工作负责人）应得到所有分工作票（小组）负责人工作结束的汇报后，方可与工作许可人履行工作终结手续。

（2）工作结束后，运维人员应会同工作负责人核实作业内容完成情况，确保设备满足正常运行条件后方可办理工作终结；在安全措施全部拆除、作业人员全部撤离现场后联系调度办理工作票终结并恢复送电。

第3章 变电设备运维管理

3.1 设备巡视与集中监视

3.1.1 巡视分类及周期

变电站的设备巡视可分为例行巡视、全面巡视、专业巡视、熄灯巡视和特殊巡视。

3.1.1.1 例行巡视

例行巡视是指对站内设备及设施外观、异常声响、设备渗漏、监控系统、二次装置及辅助设施异常告警、消防安防系统完好性、变电站运行环境、缺陷和隐患跟踪检查等方面的常规性巡查。配置机器人巡检系统的变电站，机器人可巡视的设备可由机器人代替人工进行例行巡视。

例行巡视频率：一类变电站每 2 天不少于 1 次；二类变电站每 3 天不少于 1 次；三类变电站每周不少于 1 次；四类变电站每 2 周不少于 1 次。

3.1.1.2 全面巡视

全面巡视是指在例行巡视项目基础上，对站内设备开启箱门检查，记录设备运行数据，检查设备污秽情况，检查防火、防小动物、防误闭锁等有无漏洞，检查接地引下线是否完好，检查变电站设备厂房等方面的详细巡查。全面巡视和例行巡视可一并进行。全面巡视应持标准作业卡巡视，并逐项填写巡视结果。需要解除防误闭锁装置才能进行巡视的，巡视周期由各运维部门根据变电站的运行环境及设备情况在现场运行专用规程中明确。

全面巡视频率：一类变电站每周不少于 1 次；二类变电站每 15 天不少于 1 次；三类变电站每个月不少于 1 次；四类变电站每 2 个月不少于 1 次。

3.1.1.3　熄灯巡视

熄灯巡视是指夜间熄灯开展的巡视，重点检查设备有无电晕、放电，接头有无过热现象。

熄灯巡视每月不少于 1 次。

3.1.1.4　专业巡视

专业巡视是指为深入掌握设备状态，由运维、检修、设备状态评价人员联合开展对设备的集中巡查和检测。

其频率分别是：一类变电站每个月不少于 1 次；二类变电站每季不少于 1 次；三类变电站每半年不少于 1 次；四类变电站每年不少于 1 次。

3.1.1.5　特殊巡视

特殊巡视是指因设备运行环境、方式变化而开展的巡视。遇有以下情况，则应进行特殊巡视。

（1）大风、雷雨、冰雪、冰雹后。

（2）雾霾过程中。

（3）新设备投入运行后。

（4）设备经过检修、改造或长期停运后重新投入运行后。

（5）设备缺陷有发展时。

（6）设备发生过负载或负载剧增、超温、发热、系统冲击、跳闸等异常情况。

（7）法定节假日，上级通知有重要保、供电任务时。

（8）电网供电可靠性下降或存在发生较大电网事故（事件）风险时段。

3.1.2　主要巡视检查项目

不同巡视类别下的主要巡视检查项目概括如下，各设备具体巡视项目按照现场运行通用规程和专用规程执行。

3.1.2.1　例行巡视

例行巡视主要从以下几个方面对设备进行检查：

（1）设备名称、编号、相序等标识齐全完好，清晰可辨，标示牌无脱落。

（2）设备外观清洁、无锈蚀变形或裂纹破损、无异物、无异常声响。

（3）充油充气设备油位、压力正常，储能机构储能正常，各部位无渗漏油现象。各类表计指示正常，外观无破损或渗漏。

（4）断路器、隔离开关等位置指示正确，清晰可见，机械指示与电气指示一致，符合现场运行方式。分接档位指示与监控系统一致。

（5）压力释放装置及防爆膜等完好无损。气体继电器内无气体。吸湿器运行正常，外观完好，吸湿剂符合要求，油封、油位正常。

（6）引线弧垂满足要求，无散股断股，线夹无松动、裂纹、变色现象。引线接头、电缆应无发热迹象。

（7）设备外绝缘、绝缘子及套管等外观清洁，无倾斜、破损、裂纹、放电痕迹或放电异声现象。

（8）设备接地良好，接地引下线可见部分连接完整可靠，接地螺栓紧固。

（9）站用电运行方式正确，三相负荷平衡，各段母线电压正常。直流系统各组件运行正常，无异常及告警信号。

（10）基础构架无破损、开裂、下沉，支架无锈蚀、松动或变形，无鸟巢蜂窝等异物。

（11）各端子箱、机构箱、汇控柜箱门平整，无变形、锈蚀，锁具完好。

（12）组合电器室、蓄电池室等门窗、照明设备应完好，房屋无渗漏水现象，室内通风良好。对室内组合电器，进门前应检查氧量仪和气体泄漏报警仪无异常。

（13）各消防、安防等辅助设施外观、功能完好，运行正常，无异常信号。

（14）继电保护及自动装置、测控装置、智能组件等运行正常，各类运行监控信号、灯光指示、运行数据等无异常。监控后台运行正常，主画面一次接线与设备实际运行状态一致，通信正常，遥测数据刷新，无异常告警信息。

（15）检查原有的设备缺陷是否有发展。

3.1.2.2 全面巡视

全面巡视在例行巡视的基础上增加以下主要巡视项目：

（1）对端子箱、机构箱、汇控柜等开启箱门检查，箱内清洁无异物，封堵完好，指示灯正常，空气开关位置正确，压板、切换把手等位置正确，二次接线无松动、脱落，照明、加热驱潮装置工作正常。

（2）抄录主变压器油温及油位、断路器油位、SF_6气体压力、液压（气动）操动机构压力、断路器动作次数、操动机构电机动作次数、避雷器泄漏电流指示值及放电计数器、蓄电池检测数据等运行数据。

（3）锁具无锈蚀、变形现象。

（4）电容器室、电抗器室、配电室、站用变压器室等温度、湿度、通风正常，照明及消防设备完好，防小动物措施完善。

（5）检查绝缘子表面积污情况。支柱绝缘子结合处涂抹的防水胶无脱落现象，水泥胶装面完好。

（6）二次屏柜内清洁无杂物、接地可靠、封堵完好，保护装置定值区正确，各装置压板、电流切换端子、空气开关、转换开关等位置正确。智能组件光纤连接正确、牢固，光纤无损坏、弯折现象；光纤接头完全旋进或插牢，无虚接现象。

3.1.2.3 熄灯巡视

熄灯巡视主要从以下方面对设备进行检查：

（1）检查引线、接头、线夹有无放电、发红过热等现象。

（2）检查设备有无闪络、电晕、放电现象。

3.1.2.4 特殊巡视

特殊巡视主要从以下方面对设备进行检查：

（1）大风后。

1）检查设备引线摆动幅度，有无断股、散股，接线部位连接是否牢固。

2）检查均压环及绝缘子是否倾斜、断裂。

3）重点检查设备上有无飘落搭挂的异物，户外设备区域有无杂物、飘浮物等。

（2）雷雨后。

1）检查机构箱、端子箱、汇控柜等有无进水受潮，加热驱潮装置工作是否正常。检查设备基础有无沉降、塌陷，设备室有无渗漏，电缆夹层、电缆沟有无积水，排水设施工作是否正常，构、支架及钢管避雷针排水孔有无堵塞。

2）检查绝缘子、套管有无闪络、放电现象或放电痕迹，重点检查避雷器各部位外观是否完好，以及避雷器、避雷针等设备接地引下线有无烧伤、断裂，接地端子是否牢固，并记录避雷器放电次数及泄漏电流。

（3）冰雪、冰雹后。

1）冰雪天气时，检查导电部分是否有冰雪立即融化现象，大雪时还应检查设备积雪情况，及时处理过多的积雪和悬挂的冰柱。

2）覆冰时，观察外绝缘的覆冰厚度及冰凌桥接程度，覆冰厚度不超 10mm，冰凌桥接长度不宜超过干弧距离的 1/3，放电不超过第二伞裙，并且不出现中部伞裙放电现象。

3）冰雹后，检查引线有无断股、散股，绝缘子、套管表面有无放电痕迹及破损现象。

（4）雾霾过程中。大雾、毛毛雨、雾霾天气，检查套管、绝缘子表面有无闪络、放电现象和异常声响，重点检查瓷质污秽部分，各接头部位、部件在小雨中不应有水蒸气上升现象。

（5）新设备投入运行后，设备经过检修、改造或长期停运后重新投入系统运行后。

1）应增加巡视次数，巡视项目按照全面巡视执行，其中断路器及组合电器投入运行 72h 内应开展不少于 3 次特巡。

2）重点检查设备有无异常声响、油温油位变化、压力变化、渗漏油现象，引线接头有无异常发热等。

（6）设备缺陷有发展时。加强对缺陷设备的跟踪监测，当缺陷进一步发展、缺陷等级升级时应及时汇报，必要时进行停电处理。

（7）设备发生过负载或负载剧增、超温、发热、系统冲击、跳闸等异常情况：

1）过负载或负载剧增时，定时检查并记录负载电流，检查并记录油温和油位的变化。检查变压器运行声音是否正常，接头是否发热，冷却装置投入数量是否足够。检查设备防爆膜、压力释放阀是否动作。

2）高温天气时，检查触头、引线、线夹有无过热现象，绝缘护套有无变形；检查充油设备油温、油位指示是否正常；检查 SF_6 气体压力是否正常；检查变压器本体温度及冷却器运行是否正常；检查电容器壳体有无变色、膨胀变形；检查设备室通风、降温、除湿设备是否工作正常等。

3）跳闸后，检查保护及自动装置动作情况；检查保护范围内的设备情况，断路器运行状态，导线有无烧伤、断股，设备油位、油色、油压等是否正常，有无喷油异常情况，绝缘子有无污闪、破损情况；检查现场有无异物、异声、异味等。

（8）法定节假日，上级通知有重要保供电任务时。具体巡视要求按保电方案执行。

（9）电网供电可靠性下降或存在发生较大电网事故（事件）风险时段。按照风险预警标准化运维保障卡开展针对性检查，密切关注系统潮流变化及站内设备运行状况，做好应急准备。

3.1.2.5 季节性巡视及周边隐患巡视要点

1．季节性巡视要点

（1）汛期前后重点检查变电站内排水设施运行状况，户外箱柜密封情况，开关室湿度及除湿机运行情况等。

（2）夏季高温天气时，检查触头、引线、线夹有无过热现象，绝缘护套有无变形；检查充油设备油温、油位指示是否正常；检查 SF_6 气体压力是否正常；检查变压器本体温度及冷却器运行是否正常；检查设备室通风、降温、除湿设备工作是否正常等。

（3）秋冬季节，应及时投入户外箱柜加热装置，消除凝露隐患；检查室外消防设施、水管等保温防冻措施落实情况；开展注油充气类设备专项巡视，重点关注气压、液压机构因温差变化导致频繁启动的开关设备和注油设备的油位情况；检查冬季防小动物措施，确保站内防小动物措施充足、可靠，电缆孔洞封堵完好，电缆盖板严密。

2．周边隐患巡视要点

（1）结合巡视加强对变电站外周边 500m 存在隐患的检查跟踪，重点关注彩钢瓦、塑料大棚、工厂排放的腐蚀气体、周边垃圾及漂浮物堆积等。

（2）巡视发现周边隐患，应及时联系属地供电所或当地社区（村委会）协助处理，督促责任方完成清理或整改。如遇大风、暴雨等恶劣天气，应提前组织周边隐患特殊巡视。

3.1.3　危险点分析及预控措施

设备巡视工作应从人身触电、SF_6 气体防护、高空坠落、高空落物、设备故障等方面进行防范，具体危险点及预防控制措施如下。

3.1.3.1　人身触电防范

1．危险点

（1）误碰、误动、误登运行设备，误入带电间隔。

（2）设备有接地故障时，巡视人员误入产生跨步电压。

2．预防控制措施

（1）巡视检查时应与带电设备保持足够的安全距离：10kV 为 0.7m，35（20）kV 为 1m，110（66）kV 为 1.5m，220kV 为 3m，500kV 为 5m。巡视中运维人员应按照巡视路线进行，在进入设备室，打开机构箱、屏柜门时不得进行其他工作（严禁进行电气工作）。不得移开或越过遮栏。

（2）高压设备发生接地时，室内不得接近故障点 4m 以内，室外不得靠近故障点 8m 以内，进入上述范围人员应穿绝缘靴，接触设备的外壳和构架时，应戴绝缘手套。

3.1.3.2　SF_6 气体防护

1．危险点

进入室内 SF_6 设备室或 SF_6 设备发生故障气体外逸，导致巡视人员窒息或中毒。

2．预防控制措施

（1）进入室内 SF$_6$ 设备室巡视时，运维人员应检查其氧量仪和 SF$_6$ 气体泄漏报警仪显示是否正常；显示 SF$_6$ 含量超标时，人员不得进入设备室。

（2）进入室内 SF$_6$ 设备室之前，应先通风 15min 以上。并用仪器检测含氧量（不低于 18%）合格后才准进入。

（3）室内 SF$_6$ 设备发生故障，全部人员应迅速撤出现场，开启所有排风机进行排风。未佩戴防毒面具或正压式空气呼吸器人员禁止入内。只有经过充分的自然排风或强制排风，并用检漏仪测量 SF$_6$ 气体合格，用仪器检测含氧量（不低于 18%）合格后，人员才准进入。

3.1.3.3 高空坠落防范

1．危险点

登高检查设备，如登上开关机构平台检查设备时，感应电造成人员失去平衡，导致人员高空坠落，造成人员碰伤、摔伤等。

2．预防控制措施

登高巡视时应注意力集中，如登上开关机构平台检查设备、接触设备的外壳和构架时，应系好安全带，做好感应电防护。

3.1.3.4 高空落物防范

1．危险点

高空落物伤人。

2．预防控制措施

进入设备区巡视时，应正确佩戴安全帽。

3.1.3.5 设备故障防范

1．危险点

（1）保护室内使用无线通信设备，造成保护误动。

（2）小动物进入，造成事故。

2．预防控制措施

（1）在保护室禁止使用移动通信工具，防止保护及自动装置误动。

（2）进出高压室，打开端子箱、机构箱、汇控柜、智能柜、保护屏等设备箱（柜、屏）门后应随手将门关闭锁好，同时确保防鼠挡板、防火封堵等防小动物措施完好。

3.1.4　集中监视

3.1.4.1　主设备集中监视

主设备集中监视工作要求如下：

（1）监控人员实行 24h 不间断监视，重点监视变电站一、二次设备状态、系统电压与功率因数、线路与主变压器负荷、注油设备温度等，并做好巡视记录。

（2）监控人员应熟悉调度管辖范围、监控管辖范围、所辖变电站的一次主接线及正常运行方式、相关操作要领以及其他运行注意事项。

（3）监控人员应熟悉设备监控系统、监控运行日志、智能操作票管理系统、AVC 系统、OMS 系统、故障录波联网系统等相关业务系统。

（4）监控人员应熟练进行置牌、封锁信号、抑制告警、查阅历史信息等工作。

（5）监控人员应掌握异常缺陷处理、事故汇报、操作票流转、信息验收及集中监控接入许可等流程。

（6）监控人员应及时确认告警窗信息并清除闪断，应定期对告警窗信号进行全面排查，防止遗漏信号。

（7）监控人员应结合信号内容、设备位置变化情况、电流电压等遥测值变化情况及现场检修调试情况，结合现场检查情况，综合判断信号的真实性。

（8）监控人员应及时将全面监视和特殊监视范围、时间、事故异常情况记入运行日志和相关记录。

（9）监控人员在值班期间应与设备管辖调度员、运维人员、自动化运维人员保持通信畅通。

（10）监控人员应将监控工作站保持在运行界面，确保事故告警音响已开启。

（11）自动化人员进行监控系统软件、数据库、画面修改等工作时，若影响监控监视正常运行，应提前告知当值监控人员，并做好记录。

（12）变电站现场进行操作、工作或定期切换试验前，运维人员应告知监控人员，防止监控人员被操作、工作或定期切换所产生的信号误导。运维人员完成变电站现场操作、工作或定期切换试验后，应与监控人员确认站内无遗留异常信号。

（13）输变电设备负载超过额定负载的70%，由自动化系统自动生成相关报表，在特殊时期发送给相关运维部门。

（14）雷雨或台风等恶劣天气特殊巡视要求。每年夏季，值班监控人员应在接班前了解天气预报或气象预警。对于雷雨或台风等恶劣天气预警地区的变电站应加强监视，做好事故预想。具体要求如下：

1）雷雨或台风等恶劣天气时可能会引起电压互感器熔丝熔断或单相接地，应持续关注10、35kV电压等级母线电压越限情况。

2）当连续出现多个跳闸信号时，对跳闸后重合成功的开关可暂缓汇报调度，应先将初步情况记录在草稿上，待事故处理告一段落后再做汇报。

3）发现有开关跳闸重合不成、母线接地、主变压器失电等重要情况应及时汇报。

4）当监控系统连续推出不同事故推图时，应逐一检查，不得不经检查就关闭画面。

5）对于已经查看完毕并初步记录的遥信应及时确认，以便区分新旧事故异常信号。

6）雷雨或台风等恶劣天气期间，如有电容器开关跳闸，应检查是否由母线失电引起。

7）雷雨或台风等恶劣天气过后，必须仔细复查信号，重新对恶劣天气期间所发的信号进行梳理，发现情况应做补充汇报。恶劣天气后应对监控系统进行特殊巡视。

8）雷雨或台风等恶劣天气期间，若发生直流接地、绝缘降低等交直流系统异常信号，要通知运维人员检查确认。对于未复归或频发信号，必要时仍需汇报值班调度员。

3.1.4.2 辅助设施监视

（1）变电站视频系统作为监视的重要辅助手段，监视要求如下：

1）每日白班检查视频系统平台可用性和整站在线情况。

2）每周应对视频监控系统进行全面轮巡，查看每个摄像头的工况，并记录到视频监控系统缺陷月报中。对出现的设备离线、无图像、图像模糊、点位不准确、整站离线等缺陷，均应填报缺陷并记入月报。

3）变电站视频监控系统无法应用、登录或运行异常时，当值监控人员应及时通知视频系统相关负责人。监控班班长负责跟踪视频监控系统维护处理情况。

（2）发生以下情况时，值班监控人员可通过变电站视频监控系统进行辅助查看：

1）所辖变电站发生事故，且已通知变电运维人员检查后，在摄像头可视范围内辅助查看故障跳闸相关设备有无明显损坏、着火等现象。如发现缺陷，应截图保存。

2）所辖变电站出现防火防盗告警总信号，且已通知变电运维人员现场检查后，辅助查看一次设备有无明显可见异常、可见明火或有人入侵。

3）恶劣天气情况下，查看所辖变电站有无积水、覆冰、覆雪等情况。

（3）视频系统缺陷分为平台缺陷和摄像头缺陷，需实施闭环管理。具体要求如下：

1）监控班班长跟踪视频系统平台故障或整站离线缺陷，消缺后闭环监控运行日志中"辅助系统缺陷"记录。

2）当月出现2次故障的摄像头，应记为缺陷并生成月报发送相关负责人。监控班班长跟踪每月反馈的消缺情况。

（4）监控人员每周应对安防、门禁、灯光、空调、水泵等平台或智能辅助设施集控平台进行巡视，如发现异常情况，应立即联系运维值班员检查处理。

（5）监控人员每周应检查各站辅助设施管控系统是否正常运行，如有故障应及时汇报监控值长，填报缺陷流程，并后期跟踪处理。具体要求如下：

1）安防装置设防正常，无告警信号，电子围栏和红外对射无异常报警。

2）变电站内门禁正常都应处于关闭状态，允许短时打开，应避免门禁长期打开状态，且能远程遥控门禁。

3）灯光系统根据光线自动开启或关闭，夜间正常应开启，且能远程遥控灯光。

4）变电站空调、除湿机工作均应在正常状态和正常的温度区间，无异常报警信号，且能远程进行控制。

5）变电站水泵控制系统无异常告警信号，水泵能进行自动和远程控制。

3.1.4.3　消防设施监视

（1）监控人员应能通过消防系统检查所辖变电站消防设备告警信息，并远程控制相关设备。具体应包含以下内容：

1）监视所辖变电站消防室、消防报警装置、主变压器充氮灭火和水喷淋装置状态信息。

2）监视所辖变电站消防系统告警、故障、反馈联动、屏蔽等信息。

3）实现所辖变电站消防设施远程应急启动。

（2）消防系统监视的具体要求如下：

1）每日白班应检查消防系统平台可用性和整站在线情况。

2）每周应对消防系统开展一次全面轮巡，查看系统工况。若有整站离线的情况，通知相关人员处理。

3）每月编制消防系统巡视报表，监控班班长负责跟踪消防系统维护处理情况。

4）消防系统无法应用、登录或运行异常时，当班监控人员应及时通知自动化或运维人员处理。

（3）遇有下列情况时，应对消防系统加强监视：

1）消防设备有严重或危急缺陷。

2）设备重载时，主变压器重载时要特别加强对尤氮灭火、水喷淋等固定式主变压器灭火装置的监视。

3）重点时期、重要时段及有重要保电任务。

4）发生事故时、事故处理期间及结束后。

5）有其他特殊监视要求时。

3.2 设备维护

3.2.1 设备定期轮换、试验

3.2.1.1 定期轮换与试验的主要目的

设备定期试验的主要目的是检验设备或某个部件的功能是否完好，设备是否正常运行，自动投入装置能否正确动作。设备定期轮换的主要目的是将长期备用的装置经轮换操作投入运行，长期运行的设备转为备用，通过轮换减少磨损、发热等缺陷的发生，从而提高设备的健康状况。

3.2.1.2 定期轮换与试验周期

（1）在有专用收、发信设备运行的变电站，运维人员应按保护专业有关规定进行高频通道的对试工作。

（2）变电站事故照明系统每季度试验检查 1 次。

（3）主变压器冷却电源自投功能每季度试验 1 次。

（4）直流系统中的备用充电机应半年进行 1 次启动试验。

（5）变电站内的备用站用变压器（一次侧不带电）每半年应启动试验 1 次，每次带电运行不少于 24h。

（6）站用交流电源系统的备用电源自动投入（简称备自投）装置应每季度切换检查 1 次。

（7）对强油（气）风冷、强油水冷的变压器冷却系统，各组冷却器的工作状态（即工作、辅助、备用状态）应每季度进行轮换运行 1 次。

（8）对 GIS 设备操作机构集中供气的工作和备用气泵，应每季度轮换运行 1 次。

（9）对通风系统的备用风机与工作风机，应每季度轮换运行 1 次。

（10）UPS 系统每半年应试验 1 次。

3.2.1.3 主要项目

1. 主变压器冷却电源自投功能试验

（1）冷却装置是风冷却变压器的重要部件。强迫油循环风冷（ODAF）变压器和油浸风冷（ONAF）变压器冷却装置均设 2 路交流电源，通过交流接触器进行切换，需要定期检查自动投切回路是否正常。

（2）切换前应检查 2 路交流电源是否正常，后台应无异常信号。使用标准作业指导卡进行切换操作，切换后检查主变压器冷却器运行是否正常，后台应无异常信号。

2. 强油（气）风冷、强油水冷的变压器冷却系统试验

（1）强油（气）风冷、强油水冷的变压器工作、辅助冷却器每季度进行一次试验，迎峰度夏前进行 1 次全面检查。

（2）切换操作使用标准作业指导卡，切换后应检查后台信号是否正确。

3. 站用交流电源系统的备自投装置切换试验

（1）110kV 变电站交流电源备自投装置自动切换前应检查蓄电池电压是否正常，防止切换过程中全所交流电失去时，蓄电池组可以保证直流负荷一段时间供电。

（2）220kV 变电站 400V 交流母线存在公共母线段的，切换前后应检查交流屏内端子箱的环网电源投入是否正确。

（3）切换试验使用标准作业指导卡，备自投装置切换动作正确后应检查直流系统、UPS 系统、主变压器冷却系统等是否运行正常，检查后台信号是否正确，检查站内空调、除湿机的运行状态等。

3.2.2 消防设施使用及维护

3.2.2.1 变电站常见消防设施

（1）火灾自动报警系统：火灾自动报警系统是及时感知变电站火灾发生的重要设施，可将燃烧初期产生的烟雾、热量、火焰等物理现象，通过探测器转换为报警信号并远传至集控中心，对火灾进行预警。

（2）主变压器固定式灭火装置：主变压器固定式灭火装置是专为保护主变压器而设置的灭火设施。当主变压器本体或套管发生火灾时，能够在第一时间自动启动，避免主变压器油爆燃，有效防止事故扩大。固定式灭火系统包括排油注氮灭火装置、水喷雾灭火装置、细水雾灭火系统、泡沫喷雾灭火系统等。

（3）消防给水及消火栓系统：消防给水及消火栓系统是为变电站灭火提供消防水的设施，水作为常见的灭火、降温介质，可用于变电站内部分已停电电气设备、建（构）筑物的火灾扑救。

（4）消防器材：主要用于火灾早期灭火。变电站应根据火灾种类和危险等级、灭火器的灭火效能和通用性、灭火剂对保护物品的污损程度、设置点的环境条件等因素按照规定进行配置。常见的消防器材主要有移动式灭火器、防毒面具、正压式呼吸器、消防铲、消防桶、消防斧等。

3.2.2.2 消防设施使用要求

（1）火灾自动报警系统。

1）应设置主电源和备用电源，并可自动切换。

2）火灾报警控制器自检、故障、报警、消音、复位、火灾记忆、火警优先、二次报警等功能正常，火灾显示盘和显示器显示正常。

3）火灾探测器报警功能正常，编码正确。

4）手动报警按钮外观良好，功能正常。

5）消防联动控制器功能正常。

6）火灾报警信号上传调控中心功能正常。

7）警报装置功能正常。

（2）消防水泵启泵、停泵和主、备泵切换功能正常，稳（增）压泵及气压水罐压力符合要求。消防水池外观良好，寒冷地区防冻措施满足要求。

（3）消防用电设备电源末级配电箱处主、备电切换功能正常；每台消防电机应配置独立的电源。

（4）室内外消火栓出水正常，消火栓静压正常。

（5）送风机、排风机外观良好，运转正常，排烟阀、电动排烟窗功能正常。

（6）应急照明和疏散指示运行正常，防火重点部位禁止烟火的标志清晰，无破损、脱落。

（7）防火卷帘门及电动防火门外观完好，启闭和联动功能正常。

（8）消防灭火系统使用要求：

1）排油注氮、水（泡沫）、气体灭火系统主配件外观完好，阀组正常。

2）管道、管件、压力表、过滤器、金属软管无破损、腐蚀。

3）感温元件无损坏，启动功能正常。

4）水源、泡沫、气体等灭火介质合格。

（9）消防器材使用要求：

1）设置部位、配置类型符合电力消防典型规程要求。

2）灭火器生产日期、试验日期、压力合格，定期检查，应在有效使用日期内。

3）灭火器外观整洁、无破损。

4）消防沙箱、灭火器箱安装牢固，无变形、锈蚀现象，沙箱内沙子充足、干燥、松散。

3.2.2.3 消防设施维护

消防器材每月维护 1 次，消防设施每季度维护 1 次。排水、通风系统每月维护 1 次。

1. 火灾自动报警系统

（1）火灾报警控制器。

1）清扫控制器（柜）外表面灰尘，用吹尘器或刷子清除柜内灰尘杂物。

2）对电路模板、组件、电池、操作面板和控制开关进行紧固，紧固接触线头和接线端子的接线螺丝，对线标进行整理，使其保持清晰。

（2）火灾探测器。

1）对于吸气式感烟火灾探测器，应对采样管进行吹洗，更换过滤袋，吹洗后应进行报警功能试验。

2）火灾探测器在投入运行 2 年后，应每隔 3 年进行 1 次全面清洗，对于使用环境较差的火灾探测器，应每年进行 1 次全面清洗。探测器清洗须由专业清洗维护公司进行作业，清洗完成后应对探测器进行响应值试验，达到标准的方能继续使用，不达标的探测器不得继续安装使用。

2．消防供水设施

（1）消防水泵（稳压泵）。

1）对泵体外观进行擦拭、除污、除锈和喷漆。

2）对泵体中心轴定期进行盘动。

3）对泵体盘根填料进行检查或更换。

4）根据产品说明书的要求检查或更换对应等级的润滑油。

（2）消防泵房。

1）对消防泵房进行卫生清洁，应做到无杂物、蜘蛛网，物品摆放整齐，地面干净整洁，不影响设备正常使用。

2）用吹尘器吹扫或用拧干的湿抹布轻轻擦拭房间内设备的表面，如消防配电柜、电机等设施顶部等，使其保持整洁。

（3）阀门、管网。

1）对阀杆（特别是螺纹部分）进行擦拭，定期更换润滑剂，更换润滑剂后应加套管进行保护。

2）保持阀门的清洁，对锈蚀部分应及时清理。

3）对室外阀门的阀杆加保护套进行保护，以防雨、雪、尘土锈蚀或污染阀杆。

4）对油漆脱落、锈蚀的管网，应进行除锈、喷漆处理。

5）室外裸露的油压管及主要附件，应采取必要的保温防冻措施。

3．消火栓系统

（1）消火栓箱。

1）用拧干的湿抹布对消火栓箱箱门、顶部、箱内进行擦拭，应做到箱体表面无灰尘，顶部及内部无杂物。

2）清理消火栓栓口水渍及锈蚀。

（2）室外消火栓。

1）采用专用扳手转动消火栓启闭杆与出水口，加注润滑油，保持启闭杆与出水口的灵活性。

2）对栓体外表油漆进行及时修补，保持外表整洁美观。

3）入冬前应对消火栓进行适当的保温处理，增设保温措施或防护套。

4）清除消火栓（井）周围及井内积存的杂物或障碍物。

4．自动喷水灭火系统

（1）清除报警阀、排水阀、放水阀及管道表面的所有杂物并刷油漆。

（2）清理过滤器、延时器节流孔的脏污及杂物。

（3）盘动、润滑或调节水力警铃，使其转动顺畅。

5．细水雾灭火系统

定期清洗储水箱、过滤器，并对控制阀后的管道进行吹扫。

6．灭火器

（1）灭火器箱。

1）检查灭火器箱的标识及使用说明，应保持清晰完好。

2）检查灭火器箱的外观，应无明显缺陷和机械损伤，组件应完好。

3）灭火器箱应开启灵活。

4）灭火器箱应无障碍物遮挡、阻塞。

（2）灭火器。

1）检查灭火器压力指示器的指针应在绿区范围内。

2）检查灭火器的铭牌、生产日期和维修日期等标志，应齐全、清晰，无超期使用现象。

3）检查灭火器的喷嘴及软管，应无变形、裂纹及老化等问题。

4）检查灭火器筒体，不应存在机械损伤、明显锈蚀、灭火剂泄漏等异常情况。

5）灭火器的保险装置应完好。

6）检查推车式灭火器的行驶机构，应完好且移动顺畅。

3.2.3 防汛及给排水设施使用及维护

3.2.3.1 变电站常见防汛设施

（1）电缆沟：它的用途就是敷设电缆的地下专用通道。

（2）排水沟：排水沟主要用以排水，有时也起到蓄水和滞水的作用。

（3）排污泵：排污泵主要作用是将变电站内的污水排出站外。

（4）排水泵：排水泵用来排出积水池或者大型储液罐中的液体。

（5）潜水泵：潜水泵是深井提水的重要设备，使用时整个机组潜入水中工作，正常情况是作为防汛物资存放于变电站内。

（6）吸水膨胀袋：吸水膨胀袋又称膨胀防洪袋、防汛麻袋、遇水膨胀袋，是一种储存方便、使用简单快捷的防水新产品，使用时方便简单，搬运方便。外皮由透水性能较好的麻袋做成，按不同用途做成不同规格形状的外层袋，内袋由特制的吸水材料构成。

（7）防汛防水挡板：防汛防水挡板多为铝合金材质，密封性好，可形成多元化的隔断区域。

3.2.3.2 防汛设施使用要求

（1）水泵和水管试验良好后，水泵正常运转，水管完好，接好水管并放在可防盗且方便使用的地点。

（2）排水泵具有远程监控、自动控制排水、水位告警、远方遥控启动、停止等功能。

（3）吸水膨胀袋吸水性能良好，试验良好后存放在指定地点。

（4）防汛防水挡板高度符合要求，挡板完好无裂缝，试验良好后存放在指定地点。

（5）变电站内、外排水沟（管、渠）应完好、畅通，无杂物堵塞。

（6）变电站内集水井（池）内无杂物、淤泥，雨水井盖板完整无破损，安全标识齐全。

3.2.3.3 防汛设施维护

防汛物资、设施在每年汛前应进行全面检查、试验。

1．水泵控制箱

（1）水泵控制箱外观应整洁，接地连接线良好。

（2）检查设备控制箱外部指示灯、电流表、电压表是否在正常状态。

（3）周期性地断开控制箱总电源，检查各转换开关启动是否正常工作。

（4）检查控制箱内电气开关、交流接触器、继电器等重要电气元件的接线螺丝是否紧固。

（5）点动电动机判断水泵运转方向是否正确，若有误应予以更正。

（6）清理控制箱内、外灰尘，用吸尘器或毛刷除尘，箱外用抹布擦拭。若控制箱是变频控制箱，还应周期性的清理变频器表面的灰尘以保持变频器散热良好。

2．污水泵

（1）检查污水泵管路及接合处有无松动现象。用手转动污水泵，试看污水泵是否灵活。

（2）向轴承体内加入轴承润滑油时，观察油位应在油标的中心线处，润滑油应及时更换或补充。

（3）拧下污水泵泵体的引水螺塞，灌注引水（或引浆）。

（4）关好出水管路的闸阀、出口压力表、进口真空表。

（5）点动电动机，试看电机转向是否正确。

（6）开动电动机，当污水泵正常运转后，打开出口压力表和进口真空表，待其显示出适当压力后，逐渐打开闸阀，同时检查电机负荷情况。

（7）尽量控制污水泵的流量和扬程在标识牌上注明的范围内，并保证污水泵以最高效率运转，才能获得最大的节能效果。

（8）污水泵在运行过程中，轴承温度不能超过环境温度35℃，最高温度不得超过80℃。

（9）污水泵要停止使用时，应先关闭闸阀、压力表，然后停止电动机。

（10）定期检查轴套的磨损情况，磨损较大后应及时更换。

3.2.4 安防设施使用及维护

安防系统主要运用在辅助生产上，与视频监控系统相连接，全面监控变电站的周界环境和运行设备的工作情况，形成电力领域中独有的、自主的全新型安全防范系统。

3.2.4.1 变电站常见安防设施

变电站安防设施主要由红外探测器、电子围栏及门禁系统3部分组成。

1．红外探测器

红外探测器按工作方式可分为主动式红外探测器和被动式红外探测器。

（1）主动式红外探测器（红外对射）：主动光入侵探测器是利用光的直线传播特性做入侵探测，由光发射器和光接收器组成，收、发器分置安装，收、发器之间形成一道光警戒线，当入侵者跨越该警戒线时，阻挡了光线，接收器失去光照从而发出报警信号。

（2）被动式红外探测器（红外双或三鉴）：被动式红外探测器的核心部件是热释电红外探测元件，配置上用透明塑料制成的"菲涅尔"透镜，就能够对一定的空间范围进行监控，具有安装方便、灵敏度高、不需要辅助光源、耗电少等特点。

2．电子围栏

电子围栏主要由脉冲主机和前端围栏2部分组成。脉冲主机主要安装在门卫室或控制中心，前端围栏安装在墙上。脉冲主机通电后发射端产生高压脉冲或低压脉冲传到前端围栏上，在前端围栏上形成回路后又把脉冲回传到脉冲主机的接收端，如果有人入侵或破坏前端围栏，或切断供电电源，脉冲主机会发出报警并把报警信号传给其他的安防设备。

3．门禁系统

门禁系统又称出入管理控制系统，是一种管理人员进出的智能化管理系统。常见的门禁系统包括密码门禁系统、非接触卡门禁系统、指纹虹膜掌形生物识别门禁系统及人脸识别门禁考勤系统等。

4．视频监控

视频监控系统对变电站内主设备、辅助设备和站内的信息进行监控，并将信息传输到监控中心，监控人员可通过实时图像对变电站的运行情况进行综合监控、分析。

3.2.4.2 安防设施使用要求

（1）红外对射或激光对射系统电源线、信号线穿管处封堵良好。

（2）红外对射或激光对射报警主控制箱工作电源、指示灯正常，无异常信号。

（3）红外探测器或激光探测器工作区间无影响报警系统正常工作的异物。

（4）电子围栏报警主控制箱工作电源及指示灯应正常，无异常信号。

（5）电子围栏主导线架设正常，无松动、断线现象，主导线上悬挂的警示牌未掉落。

（6）电子围栏报警、红外对射或激光对射报警装置报警正常，联动报警正常。

（7）电子围栏各防区防盗报警主机箱体清洁，无锈蚀、凝露。标示牌清晰、正确，接地、封堵良好。

（8）门禁系统读卡器或密码键盘防尘、防水盖完好，无破损、脱落，电源工作正常。

（9）门禁系统开门按钮正常，无卡涩、脱落。读卡器及按键密码开门正常。

（10）视频显示主机运行正常、画面清晰，摄像机镜头清洁，摄像机控制灵活，传感器运行正常。

（11）视频主机屏上各指示灯正常，网络连接完好，交换机（网桥）指示灯正常。

（12）视频主机屏内的设备运行情况良好，无发热、死机等现象。

3.2.4.3 安防设施维护

（1）安防设施每季度维护 1 次。

（2）红外报警探测器误报警主要原因是现场人员工作时未撤防，动物误触动，以及异物遮挡、线路短路、断路等。无异物遮挡时如报警依然存在，需要联系维护单位处理。

（3）电子围栏误报警主要原因是导线被异物触碰、导线断开等。电子围栏表面无异物或者断开现象，重启电子围栏主机时，如报警依然存在，需要联系维护单位处理。

（4）门禁系统故障主要有刷卡后门无法正常打开或者关闭，出现这种现象时需要联系维护单位处理。

3.3 运维一体化项目

3.3.1 红外热成像检测

对运行中变电的电气设备进行红外检测，具有不需停电、远距离、安全可靠、准确高效等优势，并且能有效地发现电气设备热故障及潜在的缺陷。

3.3.1.1 检测条件

1．安全要求

（1）应严格执行 Q/GDW 1799.1—2013《国家电网公司电力安全工作规程　变电部分》、《国家电网公司电力安全工作规程（配电部分）（试行）》、Q/GDW 1799.2—2013《国家电网公司电力安全工作规程　线路部分》的相关要求。

（2）应在良好的天气进行，如遇雷、雨、雪、雾等恶劣天气不得进行该项工作，风力大于 5m/s 时，不宜进行该项工作。

（3）检测时应与设备带电部位保持相应的安全距离。

（4）进行检测时，要防止误碰误动设备。

（5）行走中应注意脚下，防止踩踏设备管道。

（6）应有专人监护，监护人在检测期间应始终行使监护职责，不得擅离岗位或兼任其他工作。

2．环境要求

（1）一般检测要求。

1）环境温度不宜低于 5℃，一般按照红外热像检测仪器的最低温度掌握。

2）环境相对湿度不宜大于 85%。

3）风速一般不大于 5m/s，若检测中风速发生明显变化，应记录风速。

4）天气以阴天、多云为宜，夜间图像质量为佳。

5）不应在有雷、雨、雾、雪等气象条件下进行。

6）户外晴天要避开阳光直接照射或反射进入仪器镜头，在室内或晚上检测时应避开灯光的直射，宜闭灯检测。

（2）精确检测要求。除满足一般检测的环境要求外，还应满足以下要求。

1）风速一般不大于 0.5m/s。

2）检测天气为阴天、多云天气，夜间或晴天日落 2h 后。

3）避开强电磁场，防止强电磁场影响红外热像仪的正常工作。

4）被检测设备周围应具有均衡的背景辐射，应尽量避开附近热辐射源的干扰，某些设备被检测时还应避开人体热源等的红外辐射。

3．待测设备要求

（1）待测设备处于运行状态。

（2）精确测温时，待测设备连续通电时间不小于 6h，最好在 24h 以上。

（3）待测设备上无其他外部作业。

（4）电流致热型设备最好在高峰负荷下进行检测，否则，一般应在不低于 30%的额定负荷下进行，同时应充分考虑小负荷电流对测试结果的影响。

4．人员要求

进行电力设备红外热像检测的人员应具备如下条件：

（1）熟悉红外诊断技术的基本原理和诊断程序。

（2）了解红外热像仪的工作原理、技术参数和性能。

（3）掌握红外热像仪的操作程序和使用方法。

（4）了解被测设备的结构特点、工作原理、运行状况和导致设备故障的基本因素。

（5）具有一定的现场工作经验，熟悉并能严格遵守电力生产工作现场的相关安全管理规定。

（6）应经过上岗培训并考试合格。

5．仪器要求

红外测温仪一般由光学系统、光电探测器、信号放大及处理系统、显示和输出、存储单元等组成。红外测温仪应经具有资质的相关部门校验，合格后按规定粘贴合格标志。

3.3.1.2 检测方法与数据分析

1．检测方法

打开红外热像仪电源，待仪器内部温度校准完毕，图像稳定后可以开始工作。检查电池、存储卡容量充足，仪器显示、操作、存储等各项功能正常。根据被测设备的材料设置辐射率，作为一般检测，被测设备的辐射率一般取 0.9 左右。设置仪器的色标温度量程一般宜设置在环境温度加 10～20K 的温升范围。发现有异常后，再近距离有针对性地对异常部位和重点被测设备进行精确检测。并记录被检设备的实际负荷电流、额定电流、运行电压，以及被检物体温度及环境参照体的温度值。

2．检测数据分析

（1）判断方法。

1）表面温度判断法。主要适用于电流致热型和电磁效应引起发热的设备。根据测得的设备表面温度值，对照 GB/T 11022—2011《高压开关设备和控制设备标准的共用技术要求》中高压开关设备和控制设备各种部件、材料及绝缘介质的温度和温升极限的有关规定，结合环境气候条件、负荷大小进行分析判断。

2）同类比较判断法。根据同组三相设备、同相设备之间及同类设备之间对应部位的温差进行比较分析。

3）图像特征判断法主要适用于电压致热型设备。根据同类设备的正常状态和异常状态的热像图，判断设备是否正常。注意尽量排除各种干扰因素对图像的影响，必要时结合电气试验或化学分析的结果进行综合判断。

4）相对温差判断法主要适用于电流致热型设备。特别是对小负荷电流致热型设备，采用相对温差判断法可降低小负荷缺陷的漏判率。对电流致热型设备，发热点温升值小于 15K 时，不宜采用相对温差判断法。

5）档案分析判断法。分析同一设备不同时期的温度场分布，找出设备致热参数的变化，判断设备是否正常。

6）实时分析判断法。在一段时间内使用红外热像仪连续检测某被测设备，观察设备温度随负载、时间等因素的变化，判断设备是否正常。

（2）判断依据。

1）电流致热型设备缺陷判断依据详细见附录 B。

2）电压致热型设备缺陷判断依据详细见附录 C。

（3）缺陷类型的确认及处理方法。根据过热缺陷对电气设备运行的影响程度可以将缺陷分为以下 3 类。

1）一般缺陷。

a．指的是设备存在过热并有一定温差，温度场有一定梯度，但不会引起事故的缺陷。这类缺陷一般要求记录在案，应注意观察其缺陷的发展，利用停电机会进行检修，有计划地安排试验检修消除缺陷。

b．当发热点温升值小于 15K 时，不宜采用附录 B 的规定确定设备缺陷的性质。对于负荷率小、温升小但相对温差大的设备，如果负荷有条件或有机会改变时，可在增大负荷电流后进行复测，以确定设备缺陷的性质。当无法改变时，可暂定为一般缺陷，加强监视。

2）严重缺陷。

a．指的是设备存在过热且程度较重，温度场分布梯度较大，温差较大的缺陷。这类缺陷应尽快安排处理。

b．对电流致热型设备，应采取必要的措施，如加强检测等，必要时降低负荷电流。

c．对电压致热型设备，应加强监测并安排其他测试手段，缺陷性质确认后应立即采取措施消缺。

d．电压致热型设备的缺陷一般定为严重及以上的缺陷。

3）危急缺陷。

a．指的是设备最高温度超过 GB/T 11022—2011《高压开关设备和控制设备标准的共用技术要求》规定的最高允许温度的缺陷。这类缺陷应立即安排处理。

b. 对电流致热型设备，应立即降低负荷电流或立即消缺。

c. 对电压致热型设备，当缺陷明显时，应立即消缺或退出运行，如有必要，可安排其他试验手段，进一步确定缺陷性质。

3.3.2 开关柜地电波检测

当电气设备发生局部放电现象时，带电粒子会快速地由带电体向接地的非带电体（如设备柜体）迁移，并在非带电体上产生高频电流行波，且以近似光速的速度向各个方向传播。受集肤效应的影响，电流行波往往仅集中在金属柜体的内表面，不会直接穿透金属柜体。但是，当遇到不连续的金属断开或绝缘连接处时，电流行波会由金属柜体的内表面转移到外表面，并以电磁波形式向自由空间传播，且在金属柜体外表面产生暂态地电压，该电压可用地电波检测仪进行检测。

3.3.2.1 检测条件

1. 安全要求

（1）应严格执行 Q/GDW 1799.1—2013《国家电网公司电力安全工作规程 变电部分》的相关要求，检修人员填写变电站第二种工作票，运维人员使用维护作业卡。

（2）暂态地电压局部放电带电检测工作不得少于 2 人。工作负责人应由有检测经验的人员担任，开始检测前，工作负责人应向全体工作人员详细说明检测工作的各安全注意事项，应有专人监护，监护人在检测期间应始终履行监护职责，不得擅离岗位或兼职其他工作。

（3）雷雨天气禁止进行检测工作。

（4）检测时检测人员和检测仪器应与设备带电部位保持足够的安全距离。

（5）检测人员应避开设备泄压通道。

（6）在进行检测时，要防止误碰误动设备。

（7）测试时人体不能接触暂态地电压传感器，以免改变其对地电容。

（8）检测中应保持仪器使用的信号线完全展开，避免与电源线（若有）缠绕一起，收放信号线时禁止随意舞动，并避免信号线外皮受到剐蹭。

（9）在使用传感器进行检测时，应戴绝缘手套，避免手部直接接触传感器金属部件。

（10）检测现场出现异常情况（如异音、电压波动、系统接地等）时，应立即停止检测工作并撤离现场。

2．环境要求

（1）环境温度宜在−10～40℃。

（2）环境相对湿度不高于80%。

（3）禁止在雷电天气进行检测工作。

（4）室内检测应尽量避免气体放电灯、排风系统电机、手机、相机闪光灯等干扰源对检测的影响。

（5）通过暂态地电压局部放电检测仪器检测到的背景噪声幅值较小，不会掩盖可能存在的局部放电信号，不会对检测造成干扰，若测得背景噪声较大，可通过改变检测频段降低测得的背景噪声值。

3．待测设备要求

（1）开关柜处于带电状态。

（2）开关柜投入运行超过30min。

（3）开关柜金属外壳清洁并可靠接地。

（4）开关柜上无其他外部作业。

（5）退出电容器、电抗器开关柜的自动电压控制系统（AVC）。

4．人员要求

进行开关柜暂态地电压局部放电带电检测的人员应具备如下条件：

（1）接受过暂态地电压局部放电带电检测培训，熟悉暂态地电压局部放电检测技术的基本原理及诊断分析方法，了解暂态地电压局部放电检测仪器的工作原理、技术参数和性能，掌握暂态地电压局部放电检测仪器的操作方法，具备现场检测能力。

（2）了解被测开关柜的结构特点、工作原理、运行状况和导致设备故障的基本因素。

（3）具有一定的现场工作经验，熟悉并能严格遵守电力生产和工作现场的相关安全管理规定。

（4）检测当日身体状况和精神状况良好。

5．仪器要求

暂态地电压局部放电检测仪器一般由传感器、数据采集单元、数据处理单元、显示单元、控制单元和电源管理单元等组成，如图 3-1 所示。

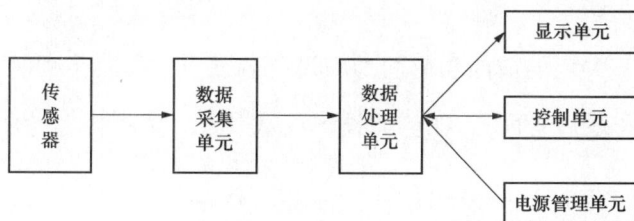

图 3-1　暂态地电压局部放电检测仪器组成

3.3.2.2　检测准备

（1）检测前应了解被测设备数量、型号、制造厂家、安装日期等信息及运行情况。

（2）配备与检测工作相符的图纸、上次的检测记录、标准作业卡。

（3）现场具备安全可靠的检修电源。

（4）检查环境、人员、仪器、设备、工作区域等满足检测条件。

（5）按国家电网有限公司安全生产管理规定办理工作许可手续。

（6）检查仪器完整性和各通道完好性，确认仪器能正常工作，保证仪器电量充足，或者现场交流电源满足仪器使用要求。

3.3.2.3　检测步骤与检测验收

1．检测步骤

（1）有条件的情况下，关闭开关室内的照明及通风设备，以避免对检测工作造成干扰。

（2）检查仪器完整性，按照仪器说明书连接检测仪器各部件，将检测仪器开机。

（3）开机后，运行检测软件，检查界面显示、模式切换是否正常稳定。

（4）进行仪器自检，确认暂态地电压传感器和检测通道工作正常。

（5）若具备该功能，设置变电站名称、开关柜名称、检测位置并做好标注。

（6）测试环境（空气和金属）中的背景值。一般情况下，测试金属背景值时可选择开关室内远离开关柜的金属门窗；测试空气背景值时，可在开关室内远离开关柜的位置，放置一块 20cm×20cm 的金属板，将传感器贴紧金属板进行测试。

（7）每面开关柜的前面和后面均应设置测试点，具备条件时（例如一排开关柜的第一面和最后一面），在侧面设置测试点，开关柜推荐检测位置如图 3-2 所示。

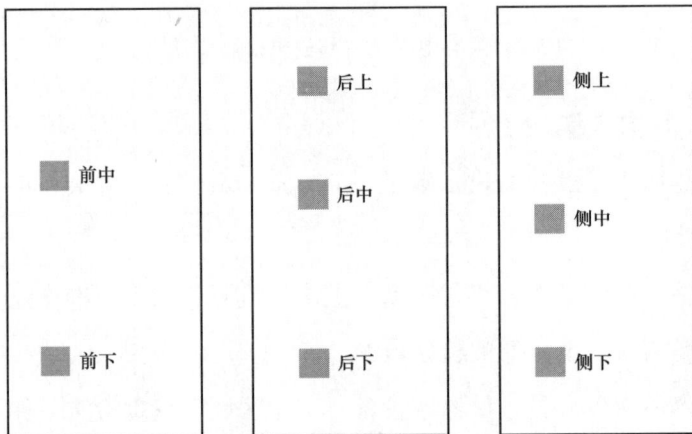

图 3-2 暂态地电压局部放电检测开关柜推荐位置

（8）确认洁净后，施加适当压力将暂态地电压传感器紧贴于金属壳体外表面，检测时传感器应与开关柜壳体保持相对静止，人体不能接触暂态地电压传感器，应尽可能保持每次检测点的位置一致，以便进行比较分析。

（9）在显示界面观察检测到的信号，待读数稳定后，如果发现信号无异常，幅值较低，则记录数据，继续下一点检测。如存在异常信号，则应在该开关柜进行多次、多点检测，查找信号最大点的位置，记录异常信号和检测位置。

（10）出具检测报告，对于存在异常的开关柜隔室，应附检测图片和缺陷分析。

2．检测验收

（1）检查检测数据是否准确、完整。

（2）将工作现场恢复至检测前状态。

3.3.2.4　检测方法

（1）纵向分析法：对同一开关柜不同时间的暂态地电压测试结果进行比较，从而判断开关柜的运行状况。需要电力工作人员周期性地对开关室内开关柜进行检测，并将每次检测的结果存档备份，以便进行分析。

（2）横向分析法：对同一个开关室内同类开关柜的暂态地电压测试结果进行比较，从而判断开关柜的运行状况。当某一开关柜个体测试结果大于其他同类开关柜的测试结果和环境背景值时，推断该设备有存在缺陷的可能。

3.3.2.5　检测数据分析与处理

暂态地电压结果分析方法可采取纵向分析法、横向分析法。判断指导原则如下。

（1）若开关柜检测结果与环境背景值的差值大于 20dBmV，需查明原因。

（2）若开关柜检测结果与历史数据的差值大于 20dBmV，需查明原因。

（3）若本开关柜检测结果与邻近开关柜检测结果的差值大于 20dBmV，需查明原因。

（4）必要时，可进行局部放电定位、超声波检测等诊断性检测。

3.3.2.6　检测报告

检测工作完成后，应在 15 个工作日内完成检测报告，整理并录入 PMS 系统。

3.3.3　变压器铁芯与夹件接地电流测试

3.3.3.1　检测条件

1．安全要求

（1）应严格执行 Q/GDW 1799.1—2013《国家电网公司电力安全工作规程　变电部分》的相关要求。

（2）检测工作不得少于 2 人。试验负责人应由有经验的人员担任，开始试验前，试验负责人应向全体试验人员详细说明试验中的安全注意事项，交代邻近间隔的带电部位，以及其他安全注意事项。

（3）应在良好的天气进行，户外作业如遇雷、雨、雪、雾等恶劣天气时不得进行该项工作，风力大于 5 级时，不宜进行该项工作。

（4）检测时应与设备带电部位保持相应的安全距离。

（5）在进行检测时，要防止误碰误动设备。

（6）行走中应注意脚下，防止踩踏设备管道。

（7）测试前必须认真检查表计倍率、量程、零位，均应正确无误。

2．环境要求

（1）应在良好的天气进行检测。

（2）环境温度不宜低于 5℃。

（3）环境相对湿度不大于 80%。

3．待测设备要求

（1）设备处于运行状态。

（2）被测变压器铁芯、夹件（如有）接地引线引出至变压器下部并可靠接地。

4．人员要求

进行变压器铁芯接地电流检测的人员应具备以下条件。

（1）熟悉变压器铁芯接地电流带电检测技术的基本原理、诊断分析方法。

（2）了解钳形电流表和专用铁芯接地电流带电检测仪器的工作原理、技术参数和性能。

（3）掌握钳形电流表和专用铁芯接地电流带电检测仪器的操作程序和使用方法。

（4）了解变压器的结构特点、工作原理、运行状况和故障分析的基本知识。

（5）熟悉检测标准，接受过铁芯接地电流带电检测的培训，具备现场检测能力。

（6）具有一定的现场工作经验，熟悉并能严格遵守电力生产工作现场的相关安全管理规定。

（7）人员须经上岗培训，且考试合格。

5．仪器要求

变压器铁芯接地电流检测装置一般可分为2种，分别为钳形电流表和变压器铁芯接地电流检测仪。

（1）钳形电流表具备电流测量、显示及锁定功能。

（2）变压器铁芯接地电流检测仪具备电流采集、处理、波形分析及超限告警等功能。

（3）主要技术指标如下。

1）检测电流范围：AC 1～10000mA。

2）满足抗干扰性能要求。

3）分辨率不大于1mA。

4）检测频率范围：20～200Hz。

5）测量误差要求：±1%或±1mA（测量误差取两者最大值）。

6）温度范围：－10～50℃。

7）环境相对湿度：5%～90%RH。

（4）功能要求。

1）变压器铁芯接地电流检测装置应具备以下基本功能：

a．钳形电流互感器卡钳内径应大于接地线直径。

b．检测仪器应有多个量程供选择，且具有量程200mA以下的最小挡位。

c．检测仪器应具备电池等可移动式电源，且充满电后可连续使用4h以上。

2）变压器铁芯接地电流检测仪还应具备以下功能：

a．变压器铁芯接地电流检测仪具备数据超限警告，检测数据导入、导出、查询、电流波形实时显示功能。

b．变压器铁芯接地电流检测仪具备检测软件升级功能。

c．变压器铁芯接地电流检测仪具备电池电量显示及低电量报警功能。

3.3.3.2 检测准备

（1）掌握设备型号、制造厂家、安装日期等信息及运行情况。

（2）掌握被试设备及参考设备历次停电例行试验和带电检测数据及被试设备运行状况、历史缺陷，以及家族性缺陷等信息。

（3）确认变压器铁芯接地引线可靠接地。

（4）检查钳形电流表卡钳钳口闭合良好。

（5）确认检测仪引线导通良好。

（6）变压器启、停运过程中严禁检测。

3.3.3.3 检测方法

（1）打开测量仪器，电流选择适当的量程，频率选取工频（50Hz）量程进行测量，尽量选取符合要求的最小量程，确保测量的精确度。

（2）在接地电流直接引下线段进行测试。历次测试位置应相对固定，将钳形电流表置于器身高度下的 1/3 处，沿接地引下线方向上下移动仪表，观察数值应变化不大，测试条件允许时还可以将仪表钳口以接地引下线为轴左右转动，观察数值也不应有明显变化。

（3）使钳形电流表与接地引下线保持垂直。

（4）待电流表数据稳定后，读取数据并做好记录。

3.3.3.4 检测验收

（1）检查数据是否准确、完整。

（2）检测完毕后，进行现场清理，确保无遗漏。

3.3.3.5 检测数据分析与处理

1. 铁芯接地电流检测结果应符合以下要求：

（1）220kV 及以下变压器：电流不大于 100mA（注意值）。

（2）与历史数值比较无较大变化。

2. 综合分析

（1）当变压器铁芯接地电流检测结果受环境及检测方法的影响较大时，可通过历次试验结果进行综合比较，根据其变化趋势做出判断。

（2）数据分析还需综合考虑设备历史运行状况、同类型设备参考数据，同时结合其他带电检测试验结果，如油色谱试验、红外精确测温及高频局部放电检测等手段进行综合分析。

（3）接地电流大于300mA应考虑铁芯（夹件）存在多点接地故障，必要时串接限流电阻。

（4）当怀疑有铁芯多点间歇性接地时可辅以在线检测装置进行连续检测。

3.3.3.6 检测报告

检测工作完成后，应在15个工作日内按模板格式完成检测报告，整理并录入PMS系统。

3.3.4 接地引下线导通检测

3.3.4.1 检测条件

1．安全要求

（1）应严格执行Q/GDW 1799.1—2013《国家电网公司电力安全工作规程 变电部分》的相关要求。

（2）高压试验工作不得少于2人。试验负责人应由有经验的人员担任，开始试验前，试验负责人应向全体试验人员详细说明试验中的安全注意事项，交代邻近间隔的带电部位，以及其他安全注意事项。

（3）应确保操作人员及试验仪器与电力设备的高压部分保持足够的安全距离。

（4）应在良好的天气进行，如遇雷、雨、雪、雾等恶劣天气时不得进行该项工作。

（5）试验前必须认真检查试验接线，应确保正确无误。

（6）在进行试验时，要防止误碰误动设备。

（7）试验现场出现明显异常情况时，应立即停止试验工作，查明异常原因。

（8）高压试验作业人员在全部试验过程中，应精力集中，随时警戒异常现象发生。

（9）试验结束时，试验人员应拆除试验接线，并进行现场清理。

2．环境要求

（1）不应在雷、雨、雪中或雨、雪后立即进行。

（2）现场区域满足试验安全距离要求。

3．人员要求

试验人员须具备以下基本知识与能力：

（1）熟悉接地引下线导通测试技术的基本原理、分析方法。

（2）了解接地引下线导通测试仪的工作原理、技术参数和性能。

（3）掌握接地引下线导通测试仪的操作方法。

（4）能正确完成现场各种试验项目的接线、操作及测量。

（5）具有一定的现场工作经验，熟悉并能严格遵守电力生产工作现场的相关安全管理规定。

（6）熟悉各种影响试验结论的因素及消除方法。

（7）经过上岗培训且考试合格。

4．仪器要求

（1）测试宜选用专用仪器，仪器的分辨率不大于 $1m\Omega$。

（2）仪器的准确度不低于 1.0 级。

（3）测试电流不小于 5A。

3.3.4.2　试验准备

（1）现场试验前，应详细了解现场的运行情况，据此制定相应的技术措施。

（2）应配备与工作情况相符的上次试验记录、标准化作业指导书、合格的仪器仪表、工具和连接导线等。

（3）现场具备安全可靠的独立试验电源，禁止从运行设备上接取试验电源。

（4）检查环境、人员、仪器应满足试验条件。

（5）按相关安全生产管理规定办理工作许可手续。

3.3.4.3　试验方法

1．一般规定

（1）测试参考点的选择。测试接地引下线导通首先须选定一个与主地网连接良好的设备的接地引下线为参考点，然后再测试周围电气设备接地部分与参考点之间的直流电阻。如果开始即有很多设备测试结果不良，宜考虑更换参考点。

（2）测试的范围。

1）各个电压等级的场区之间。

2）各高压和低压设备，包括构架、分线箱、汇控箱、电源箱等。

3）主控及内部各接地干线，场区内和附近的通信及内部各接地干线。

4）独立避雷针及微波塔与主地网之间。

5）其他必要部分与主地网之间。

（3）测试中的注意事项。

1）测试时应注意减小接触电阻的影响。

2）当发现测试值在 50mΩ 以上时，应反复测试验证。

2．接线原理图

通过测量接地引下线导通与地网（或相邻设备）之间的直流电阻值来检查其连接情况，从而判断出引下线与地网的连接状况是否良好。主要试验方法有直流电桥法、直流电压电流法。

（1）直流电桥法（如图 3-3 所示）。

（2）直流电压电流法（如图 3-4 所示）。

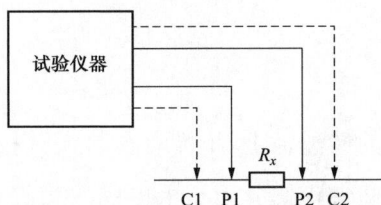

图 3-3　直流电桥法接线图

C1、C2——测试电流端；P1、P2——测试电压端

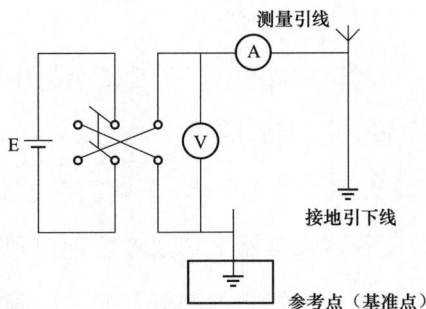

图 3-4　直流电压电流法接线图

3．试验步骤

（1）在变电站内选定一个与主地网连接合格的设备接地引下线作为基准

参考点。

（2）对测量设备校零。

（3）在被测接地引下线与试验接线的连接处，使用锉刀锉掉防锈的油漆，露出有光泽的金属。

（4）用专用测试导线分别接好基准点和被测点（相临设备接地引下线），接通仪器电源，测量接地引下线导通参数。

（5）记录试验数据。

（6）测试结束后，关掉电源并收好试验线。

3.3.4.4　试验数据分析与处理

（1）状况良好的设备测试值应在 50mΩ 以下。

（2）50～200mΩ 的设备状况尚可，宜在以后例行测试中重点关注其变化，重要的设备宜在适当时候检查处理。

（3）200mΩ～1Ω 的设备状况不佳，对重要的设备应尽快检查处理，其他设备宜在适当时候检查处理。

（4）若 1Ω 以上的设备与主地网未连接，应尽快检查处理。

（5）独立避雷针的测试值应在 500mΩ 以上。

（6）测试中相对值明显高于其他设备而绝对值又不大的，按状况尚可对待。

3.3.4.5　试验报告

现场试验结束后，应在 15 个工作日内完成试验报告，整理并录入 PMS 系统。

3.3.5　硅胶更换

3.3.5.1　基本知识

变压器吸湿器上端通过联管接到变压器的储油柜上，下端有孔与大气相通，其主体为玻璃管，内部盛有变色硅胶（或活性氧化铝）作为干燥剂。其下部带有油杯（盛油器），作为空气进口处的过滤装置。当变压器由于负载或环境温度的变化而使变压器油体积发生胀缩时，储油柜内的气体通过吸湿器来吸气和排气。吸湿器可以吸附空气中进入储油柜胶袋、隔膜中的潮气，清除和干燥由于变压器油温的变化而进入变压器储油柜的空气中的杂物和潮气，以免变压器受潮，保证变压器油的绝缘强度。

吸湿器中的干燥剂应是从下向上变色，检查时若发现上部干燥剂先发生变色，可能是吸湿器上部密封不可靠，应仔细检查。检查确认吸湿器及管路畅通，吸湿器随着负荷或油温的变化，储油柜会产生呼吸现象，此时油杯中会有气泡产生，如无气泡，则可能呼吸管道有堵塞，应及时处理。

3.3.5.2 作业方法与步骤

1．更换硅胶的操作方法

更换时的步骤为如下：

（1）先取下油杯，再将吸湿器从变压器上卸下倒出硅胶。

（2）检查吸湿器玻璃罩有无裂纹，密封圈是否完好等，清洁玻璃罩内部。

（3）将干燥的硅胶装入吸湿器，填装至离顶盖1/5高度处。

（4）检查下部油杯有无裂纹，清洁油杯并注入新绝缘油，油的高度应以不低于吸湿器玻璃油杯的下刻度线为标准。

（5）将吸湿器固定好后复装油杯，旋紧后回转小半圈，确保吸湿器畅通。

2．吸湿器更换硅胶的操作技巧

（1）注意油杯的气孔不能堵塞，装复油杯时不能用力过猛，以免损伤玻璃杯。

（2）装复油杯后，要观察一段时间，直至油杯内有气泡出现，变压器呼吸正常。

3.3.5.3 安全注意事项

（1）更换硅胶、吸湿器，无法判定变压器是否正常呼吸时，须将重瓦斯改接信号。

（2）工作时设备处于运行状态，必须与带电设备保持足够的安全距离。

（3）更换硅胶应在天气良好时进行，环境温度一般不宜低于5℃、空气湿度一般不大于80%，拆掉吸湿器后应立即将呼吸管头用干净塑料纸包扎。

（4）更换硅胶时应做好自我防护，若硅胶进入眼中需要用大量的清洁水冲洗并及时治疗。蓝色硅胶含少量氧化钴，有毒，更换时应戴好手套避免与硅胶直接接触。

3.3.6 电压互感器熔丝更换

3.3.6.1 基本知识

1. 基本原理

高压熔丝是一种保护电器，当系统或电气设备发生短路故障或过负荷时，故障电流或过负荷电流使熔体发热熔断、切断电源起到保护作用。

2. 电压互感器高压熔丝熔断现象

（1）电压互感器高压侧熔丝熔断时，主要是通过二次侧所接的线电压表、相电压表的指示变化来判断。

（2）如果三相熔丝都熔断，线电压表和相电压表都指示为零。

（3）发生两相熔丝熔断时，相电压表只有一相（即为非熔断相）指示正常，熔断相的 2 只相电压表都指示为零。

（4）发生一相熔丝熔断时，电压表指示值的变化情况与电压互感器的连线方式，以及二次回路所接的负载状况都有关系，不能用固定的模式来说明，而只能概括定性为：当一相熔丝熔断后，与熔断相有关的线电压表及相电压表的指示值都会有不同程度的降低，与熔断相无关的电压表指示值基本正常。具体地说，一相熔丝熔断后，线电压表的指示为"两低一不变"，即与熔断相有关的线电压降低，只有未熔断的两相线电压正常。相电压表的指示为"一低两不变"，即熔断相的相电压表指示降低，但不为零，还会有感应电压。非熔断相的相电压表指示正常。

3.3.6.2 现场作业要求

1. 天气要求

户外工作时，要求无雨、雪、大雾、大风，空气相对湿度不大于75%。

2. 现场要求

现场安全措施应与工作票所叙述的安全措施相同并完整，准备好更换熔丝所需的备件及作业指导卡。

3.3.6.3 安全措施要求

1. 手车式熔丝

（1）应分开电压互感器二次电压空气开关。

（2）应将熔丝隔离于手拉车开关柜仓外位置。

2．35kV 电压互感器瓷套式熔丝

（1）应分开电压互感器二次电压空气开关。

（2）应拉开电压互感器高压侧隔离开关。

（3）应合上电压互感器高压侧接地开关或挂接地线。

其中电压互感器停役过程中要考虑电压互感器二次回路的并列、备自投装置投退等情况。

3.3.6.4 电压互感器高压熔丝更换的步骤

（1）核对熔丝型号、规格，应与原熔丝相符。

（2）使用万用表测量高压熔丝的阻值，确认高压熔丝完好无损。

（3）做好安全措施，开始正式工作。

（4）取下电压互感器高压熔丝，测量原高压熔丝的阻值，确认是否损坏。

（5）更换新电压互感器高压熔丝。

（6）使用万用表分别测量三相熔丝的阻值，三相应基本相同，确认高压熔丝接触良好。

（7）工作结束，恢复电压互感器运行。

3.3.6.5 安全注意事项

（1）更换前应退出可能误动的保护。

（2）对于熔断器未安装于隔离手车上的，更换前应拉开电压互感器一次隔离开关，对熔断器两侧验电并接地后进行更换；对于熔断器安装于隔离手车上的，应将熔断器手车拉至检修位置，进行更换。

（3）更换前应检查电压互感器本体无异常。

（4）更换前应检查新电压互感器熔断器应完好，参数符合要求。

（5）更换后复原熔断器套管并拧紧，确认各连接部位接触良好。

（6）更换后应测量 2 次各相电压正常，检查保护运行正常。

（7）户外高压熔断器更换过程中，登高作业应使用合格的绝缘梯，专人扶梯，登高者使用合格的安全带。

（8）户外高压熔断器更换过程中应使用扳手或螺丝刀拆卸无弹簧侧熔断器套管侧盖。

（9）户外高压熔断器更换过程可用手按住熔断件，利用弹簧压力弹出熔断件，如熔断件已经破碎，需将套管两侧的侧盖全部拆除，使用工具将破碎熔断件取出，并使用毛掸等工具将套管内残留碎片及石英清除后装入合格熔断件。

跌落式熔断器更换时，先拉中间相，后拉边相（如有风时先拉背风的边相，后拉迎风的边相），合时顺序与此相反。

3.4 智能巡检

3.4.1 物联网传感器

3.4.1.1 基本原理

电力设备物联网按照整体技术架构共分 4 层，分别为感知层、网络层、平台层和应用层。感知层是电力设备物联网的前端感知系统，可分为传感器层与数据汇聚层，主要通过部署多元化传感器、汇聚节点和接入节点，完成设备状态的全量采集、中继传输及数据应用，实现设备广泛互联和边缘智能。网络层是基于电力无线专网、电力 APN 通道等电力通信网络，支撑多源数据信息实时交互，并强化数据及网络信息安全管控，实现电力设备物联网数据汇聚层与平台层之间高可靠、低时延、差异化的数据通信。平台层是基于泛在电力物联网平台的整体架构，打造电力设备物联管理中心，实现前端物联网设备、传感网链路、边缘计算应用等物联网重要元素的统一管理、协调与监控。应用层依托统一平台层技术，建立开放式的物联网数据应用体系，为多元化物联网数据应用提供开放式载体，提升数据应用的灵活性与通用性，实现海量设备数据的高级分析应用和业务管理支撑。

3.4.1.2 传感器应用安全要求

（1）安装、检修或更换等施工作业应严格执行 Q/GDW 1799.1—2013《国家电网公司电力安全工作规程 变电部分》的相关要求。

（2）安装的传感器应对电力设备安全运行无影响，也不构成潜在的风险，例如异物挂线、充油设备安装处渗漏油，以及替代性数字化表计不准确等。

（3）基于 LoRa 协议，无线通信应满足相关通信协议要求，不发生外联或被外来攻击等网络安全问题。

（4）上传至平台的数据应准确可靠，如出现数据异常告警或传感器不在线，应立即推送相关信息，现场应及时进行核对、分析和处理，确保数据的在线率和准确性。

3.4.1.3　物联网主要传感器

1．温度传感器

温度传感器由控制单元、无线数据传输和温度测量 3 部分组成。测温后，将温度数据通过无线方式传递给测温通信终端。其主要安装在易发热的电缆连接、隔离开关连接排、变压器与开关的表面等。每个无线温度传感器都具有唯一的实物 ID 编号，记录每个传感器实际安装使用的地点，并与编号一起录入温度检测工作站计算机数据库中。传感器自动发送监测点的温度数据至物联网平台，根据设定的阈值，及时显示告警信号。一般在变电站室外 220kV 及 110kV 间隔引线搭接处、10kV 开关柜触头、出线电缆等安装温度传感器。

2．温湿度传感器

（1）无线温湿度传感器可以实时、准确地测量环境的温度和相对湿度。它能使用户对现场环境实现远程采集和监测，具备便利的优点、准确的优点和实时的优点，大大减少了人工排查工作量，目前应用于变电站的开关柜、三项环境监测等场景中。该设备遵循相关通信协议，提高了数据传输的可靠性和良好的环境适应性。

（2）为保证产品长期稳定工作，安装时要避免接触油污、化学腐蚀、强酸碱性物质，应远离电磁波干扰较大的区域。

3．水浸或水位传感器

利用液体导电原理进行检测。正常时两极探头被空气绝缘，在浸水状态下探头导通，传感器输出干接点信号。当探头浸水高度到达设定值时，即产生告警信号。无线水浸传感器（安装位置示意图如图 3-5 所示）可以检测到变电站

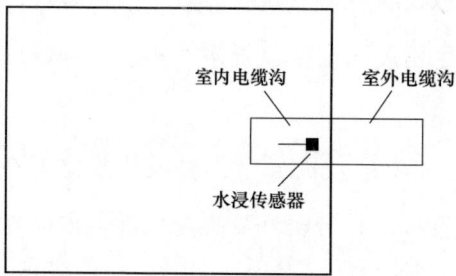

图 3-5　水浸传感器安装位置示意图

电缆层等地方是否因漏水和下雨导致水浸的情况。该设备遵循相关通信协议，提高了数据传输的可靠性和良好的环境适应性。

4．特高频局部放电传感器

特高频局部放电传感器通过采集设备放电部位的超高频电磁波，利用电磁波的波形特征来判定设备放电的特性，适用于 GIS、开关柜和变压器内部放电信号监测。对于 GIS 带浇注孔的金属屏蔽绝缘盆子，可以定制匹配的传感器结构外形，可靠保证浇注孔的气密性和防水性，不影响设备安全运行。一般采用内置一次性电池或太阳能电池供电方式，借助低功耗休眠、唤醒工作模式，大幅降低功耗，保证其持续工作 5～8 年，减轻后续维护的工作量和工作成本。

5．高频电流传感器

高频电流传感器适用于电缆终端接地回路、变压器铁芯和夹件接地线高频电流的监测，采用卡钳式安装在电缆终端接地回路、变压器铁芯和夹件接地线上，可连续检测变压器内局部放电产生的高频信号，记录高频放电信号，并通过无线网络与手持式巡检设备和站内数据采集主机通信。一般采用内置一次性电池或太阳能电池供电方式，借助低功耗休眠、唤醒工作模式，大幅降低功耗，保证其持续工作 5～8 年，减轻后续维护的工作量和工作成本。

6．除湿机传感器

除湿机传感器集监测箱柜内温湿度和除湿功能于一体，采用半导体制冷，将空气中的水分以凝结水的形式用软管排出柜体。被广泛应用于开关柜、汇控柜、端子箱、电源箱等户内、外箱柜中。

7．避雷器泄漏电流传感器

避雷器泄漏电流传感器启动电流为 0.1mA，具有各种电压等级下的避雷器泄漏电流测量能力，利用避雷器泄漏电流自主供电，该传感器可实现 0.15～10mA 的泄漏电流测量工作，测量精度为 1%。

8．烟感传感器

烟感传感器能够准确探测到火灾时产生的烟雾并及时发出报警信号，可广泛用于变电站内各种需要进行火灾安全报警监测的室内场所。

9．SF_6 传感器

SF_6 传感器主要应用于变电站内采用 SF_6 气体绝缘的高压电气设备的在线监测，能够监测高压电气设备中的 SF_6 气体压力，并提供 SF_6 气体密度报警功能。在读取各种数值之后，SF_6 传感器可将其转换成 20℃标准温度下的数值，并判断是否报警。

10．铁芯夹件电流传感器

铁芯夹件电流传感器采用合金制作，利用屏蔽技术，钳口测试时几乎不受外界磁场的影响，具有精度高、稳定性强、数据精准等特点。

3.4.1.4　物联网数据汇聚

1．汇聚节点

（1）汇聚节点用于收集各类传感器的无线数据，并通过无线、RS232 等方式传送给接入节点。它是由 MCU、2.4GHz 数字收发器、433MHz 的宽输入 DC 或 DC 直流稳压电源、IP67 封装外壳和高增益定向天线等组成。

（2）遵循相关通信及组网协议要求，提高了数据传输的可靠性和良好的环境适应性。

2．接入节点

（1）接入节点作为变电站内的边缘节点，采用统一的标准协议，用于变电站内安装的各种传感端设备管理与控制，包括端设备的数据上报时机与间隔时间，以及数据的流向等。

（2）适合接入不同类型、不通厂家的监测装置，实现变、配电环节下各类监测装置的标准化接入、安全接入和智能化接入，实现监测装置数据的接入代理功能。

3.4.1.5　物联网巡检应用

主设备新投、大修后，对安装传感器应进行外观验收，检查外观和安装是否完好。投入运行后，在巡视周期内应同步进行上传平台数据与现场检测数据进行比对工作，以验证其巡视效果。运行 1 个月后，可替代人工例行巡视中对应安装传感器采集的巡视内容。

3.4.2 智能辅助系统

3.4.2.1 基本情况

为全面、规范地掌握变电站辅助设施运行情况，及时发现问题，建立了便于运维人员操作和监控的智能辅助系统平台。智能辅助包含视频监控、环境监测、消防、安防、智能门禁、SF_6 监测、智能照明等子模块。

1．视频监控

视频监控模块具备查看和控制视频探头功能，并能查阅历史视频信息。

2．环境监测

环境监测模块显示内容包括微气象传感器、水浸传感器、水位传感器、温湿度、空调等环境监测类设备。

3．智能照明

智能照明模块具备查看灯控设备的状态功能，同时能控制灯的开、关，关联视频的灯光设备可以实时查看联动视频。

4．消防

消防模块能够实时监测各烟感、温感探头的运行状态，火灾报警装置告警动作可以辅助判断发生告警的具体位置。

3.4.2.2 运行安全注意事项

（1）智能辅控设施的安装应不影响辅助设施的原有控制，在智能控制器失灵时，运维人员在现场可手动应急操作。

（2）有异常告警信息推送时，辅控系统应能自动推送或手动调取对应视频。

（3）上传至辅控平台的数据应准确可靠，如出现数据异常告警或传感器不在线情况，应立即推送相关信息，并及时进行现场核对、分析和处理，确保设备在线率和数据准确性。

（4）网络安全主要涉及 4 个方面的安全，分别是应用安全、数据安全、主机安全和边界安全。应用安全主要由平台来实现；数据安全分为网络数据安全和存储数据安全 2 个方面；主机安全主要指主机防火墙、系统备份等方面的安全注意事项；边界安全指边界防护方面的注意事项。

3.4.3 机器人巡检

智能巡检机器人具备获取可见光和红外图谱的功能，可以开展一次设备表计读取、外观查看和红外测温等工作，可以替代部分人工巡视的项目，有效提高人工巡视的效率。

3.4.3.1 基本情况

智能巡检机器人主要分为轨道式巡检机器人及轮式巡检机器人。户外一般采户外用轮式机器人，开关室一般采用轨道式机器人，也可使用户内轮式机器人。

机器人可巡视的设备可由机器人巡视代替人工例行巡视。

巡检机器人主要由机器人主体和巡视路线、充电设施、通信设施等附属设施构成。

（1）机器人主体。

1）户外轮式机器人主体由机器人核心控制器、激光传感器、云台、高清摄像头、红外热像仪、拾音器、独立驱动轮等核心设备和其他辅助设备组成，如图 3-6 所示。

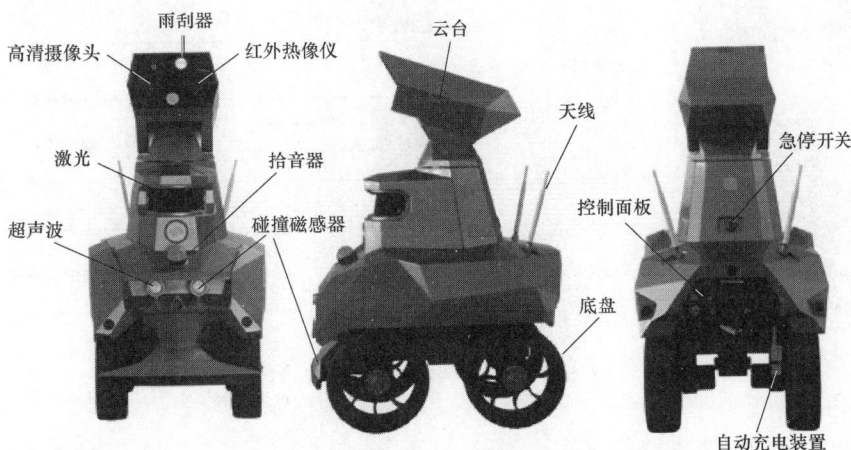

图 3-6 户外轮式机器人主体示意图

2）户内轮式机器人主体由升降机构、行走机构、可见光相机、红外热像仪、局部放电传感器、激光传感器等核心设备和其他辅助设备组成，如图3-7所示。

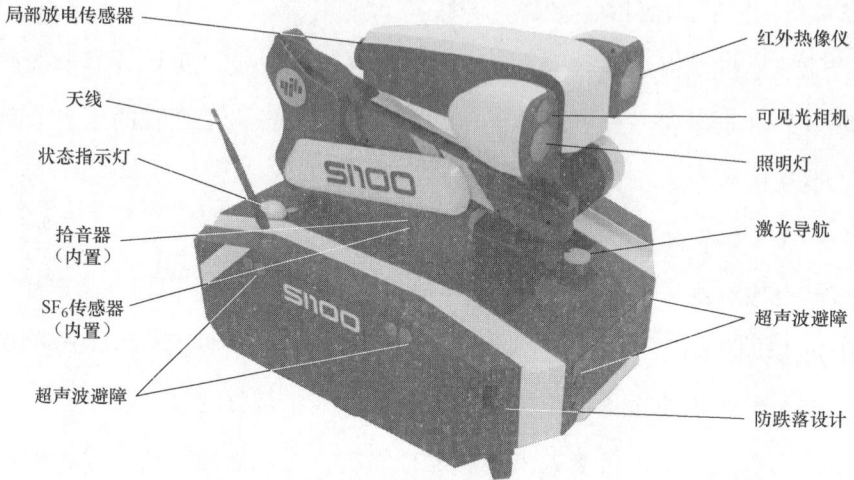

图 3-7　户内轮式机器人主体示意图

3）轨道式机器人主体由升降机构、行走机构、可见光相机、红外热像仪、局部放电传感器等核心设备和其他辅助设备组成，如图3-8所示。

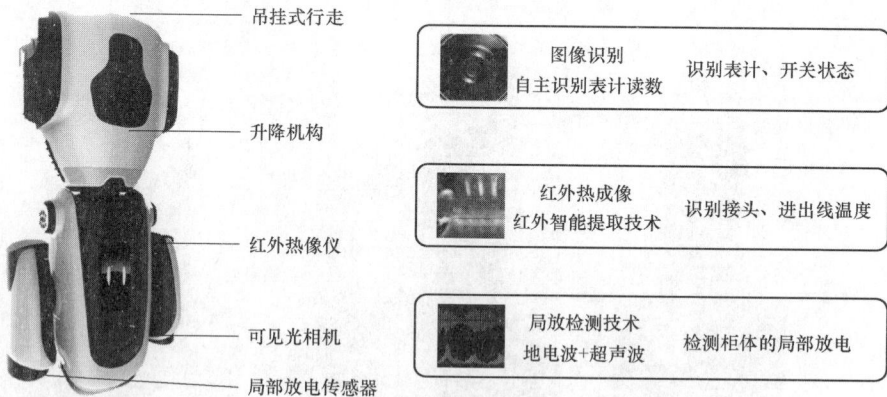

图 3-8　轨道式机器人主体示意图

（2）附属设施。

1）巡视轨道。用于轨道式机器人的巡检，轮式机器人采用激光定位，不需要特定轨道。

2）充电设施。户外轮式机器人通过室外充电房进行充电，充电房内主要有充电装置、通信机柜、空调等设施。户内轮式机器人通过室内充电桩进行充电，轨道式机器人通过轨道本身载波进行充电。

（3）通信设施。户外轮式机器人通过楼顶基站与机器人进行通信信息的传输和交互（基站上搭载环境检测装置，可实时监测站内环境温度、湿度、风速等）。

3.4.3.2　网络传输构架

机器人网络传输构架采用 3 层架构，分别为感知层、网络层、应用层。

（1）感知层。机器人完成对变电站户内、外现场设备运行状态数据的采集并上传。

（2）网络层。主要作用是完成对来自现场检测设备状态参数及工作参数的网络传输，将相关数据传输至上层信息管理层；或者是将来自上层信息管理层的远程控制指令传输至各现场控制设备或者控制节点。

（3）应用层。对感知层上传的数据进行数据分析、存储和展示（图形化显示）。对数据信息的存储、查询，以及根据数据信息做出超限报警、远程控制指令的下达，完成对设备的运行状态和工作参数的实时监测和远程控制。

3.4.3.3　机器人功能

1. 视频图像识别

智能巡检机器人具备对设备、表计等的自主精确定位拍摄，以及图像智能识别处理功能；通过图像识别算法，能够自动判断设备状态、分合闸状态、仪表读数等设备运行状态信息，其中包括断路器和隔离开关的分合状态、变压器和电流互感器等充油设备的油位计指示、SF_6 气体压力等表计指示、开关柜指示灯和压板状态、避雷器泄漏电流指示等。

2. 红外成像普测

智能巡检机器人上配备红外成像仪，拍摄设备红外图像，结合红外智能提取技术，获取一次设备的本体、绝缘子，分合隔离开关口及接头等的温度，进行分析判断并预警，实现对设备进行红外设备温度检测与缺陷诊断。

3．局部放电检测

轨道式机器人、户内轮式机器人搭载局部放电传感器，具备局部放电检测功能，检测类型分为地电波和超声波2种，能实现高压柜体的局部放电值的检测，以及数据上传等。

4．多样化运行模式

智能巡检机器人具备例行巡视、特殊巡视2种不同的运行模式。

（1）例行巡视是为机器人设定常规巡检规则。机器人能依据设定的巡检规则对站所内所有巡检点进行定时、定期巡检，免除人工后台反复操作。巡检内容通常包括可见光巡视、红外测温和局部放电检测等。

（2）特殊巡视是能按照具体巡检需求设定巡检策略，机器人按照预设策略自动巡检。其可分为按测点检测和特定设备巡检。

3.4.3.4 运行安全注意事项

（1）结合巡视检查机器人巡检情况，机器人巡视结果异常时，应立即安排人员进行现场核实。

（2）定期巡视检查变电站杂草的生长情况，不能影响机器人的激光定位功能，确保不丢位。为防止巡视小道被阻挡，应划定检修区。

（3）机器人巡检出现故障时应立即暂停任务，运维人员应先在后台监控系统查看系统告警信息,确定故障类型后遥控机器人云台查看周围环境有无异样。

（4）若在后台无法排除故障，应立即停止任务，将机器人遥控至充电房，运维人员应尽快到现场进行故障排查。

（5）排查过程中切勿擅自拆卸机器人本体，否则可能造成火灾、电击或机器人损坏。

3.4.4 无人机巡检

无人机巡检在变电站高处进行可见光和红外图谱的拍摄，具备巡视设备高空盲点、周边隐患及建筑物屋顶等优势。

3.4.4.1 基本情况

无人机（如图3-9所示）巡检对于跨度极大的输电走廊及多山地带的电力

线路、变电站巡检，有着很好的适用性。小型多旋翼无人机具有体积小、扰电磁干扰能力强、飞行灵活等优势，可到达不易巡检的盲点位置，对缺陷处进行拍照，并实时传回现场数据，弥补人工或机器人无法巡检到的高空盲区。

图 3-9　无人机示意图

自主无人机巡检系统的主要优势如下。

（1）无视觉盲区，可以根据变电站的实际情况和安全操作要求，自主设计飞行线路、拍摄角度和数据采集频率。

（2）全自动飞行巡检人工干预因素小，对无人机操控人员操作经验和技术的依赖大大降低。

（3）专为变电站巡检设计的使用方式和功能，具有实操性，与实际业务结合紧密。

（4）针对周期性工作的执行效率高，在前期设定好飞行计划之后，基本上重复执行即可。

（5）结合无人机的 RTK 技术，能达到厘米级别的定位精度，很好地保障了飞行计划执行的准确性和操作过程中的安全性控制。

3.4.4.2　作业安全要求

（1）无人机作业应严格执行 Q/GDW 1799.1—2013 国家电网公司《电力安全工作规程　变电部分》相关要求，开展无人机巡检作业时，应履行以下保证安全的技术措施。

1）根据巡检作业要求和所用无人机巡检系统技术性能，严格按照批复后的空域进行航线规划。

2）无人机不能在变电站设备的正上方进行巡检作业。

3）严格落实航前检查、航巡监控、航后检查等规定动作。

4）使用的无人机应通过试验检测；作业时，应严格遵守相关技术规程要求，按照所用机型要求进行操作。

5）现场宜携带所用无人机飞行履历表、操作手册、简单故障排查和维修手册。

6）工作地点、起降点及起降航线上应避免无关人员干扰，必要时可设置安全警示区。

7）现场禁止使用可能对无人机巡检系统通信链路造成干扰的电子设备。

8）无人机起、降点应与带电设备保持足够的安全距离，且风向有利，具备起降条件。

（2）开展无人机巡检作业时，应履行以下保障作业人员安全的防护措施和无人机设备安全措施。

1）无人机起飞和降落时，现场所有人员应与无人机巡检系统始终保持足够的安全距离，作业人员不得位于起飞和降落航线下方和前方，无人机飞行速度不宜大于 5m/s。

2）雷雨、大风等恶劣天气不宜飞行。有风时，禁止进行变电站内部航线立体化巡检；风速不小于 5 级时，禁止进行任何飞行作业。

3）降雨级别为小雨时，不宜进行飞行作业，如必须进行作业，须尽快完成，不宜过久飞行；降雨级别达到中雨及以上时，禁止进行任何飞行作业。

4）巡检作业现场所有人员均应正确佩戴安全帽和穿戴个人防护用品，正确使用安全工器具和劳动防护用品，现场作业人员均应穿戴长袖棉质服装。

5）作业现场不得进行与飞行作业无关的任何活动。

3.4.4.3　典型应用场景

（1）避雷针顶部及整体巡视。无人机拍摄顶部针尖是否存在倾斜、螺栓是否松动及针身是否锈蚀等，通过多角度对比确认缺陷的定性，从而保证及时开屉消缺工作。

（2）变电站一次设备及构支架巡视。高空拍摄电压互感器、避雷器和引线等顶部螺栓来判断是否连接牢固，掌握设备上方锈蚀的详细情况；并且能够及时发现运维人员从下方无法观察到的在设备和构架上筑巢的鸟窝。

（3）变电站建筑物屋顶巡视。高空拍摄站内建筑物屋顶来判断屋面整体情况，通过建筑物屋顶落水孔的特定部位图像来判断是否存在堵塞，从而为防汛的全面排查提供有利的支撑。

（4）变电站周边隐患巡视。通过高空拍摄变电站全景图，发现周边存在的彩钢瓦、塑料大棚及易飘浮物等，帮助运维人员更加全面地掌握变电站周边隐患。

3.4.4.4　运行注意事项

运维部门应对无人机固定机场进行每月定期清洁，确保室外机场干净整洁，为保证固定机场设备的安全运行，在保修期内，运维部门应当对固定机场进行每季度定期全面检测和维护。定期自行检查的时间、内容和要求应当符合有关安全技术规范的规定及产品使用维护保养说明的要求。

作业人员应当根据设备特点和使用状况对无人机设备进行周期性维护保养，维护保养要求应当符合有关安全技术规范和产品使用维护保养说明的要求。无人机周期性维护保养主要分为四项：

（1）日常保养。定期对无人机设备外观及其日常使用基本功能进行检查校准等操作，应由作业人员负责进行保养维护。

（2）一级保养。对无人机整体结构及功能进行全面的检查，对飞行器各模块进行校准及软件升级，并对日常清理中无法接触的机器结构内部进行深度清理，保养清洁过程需对无人机进行一定程度的拆卸，须交由专业的维护团队进行保养维护。

（3）二级保养。在该保养周期内除了完成一级保养的要求外，增加了对无人机易损件的更换处理，维护保养团队需准备好无人机易损件备件，用于保修替换。

（4）三级保养。在该保养周期内充分检查整机的结构及功能情况，需对对无人机进行深度的拆卸，并在替换易损件的基础上，更换无人机动力电机。

对存在严重事故隐患且无改造、修理价值的无人机设备，或者达到安全技术规范规定的报废期限的，应当及时予以报废，使用单位应当采取必要的措施销毁该设备。无人机设备报废时，应办理相关报废手续。

3.4.5 高清视频巡检

3.4.5.1 基本情况

变电站高清视频巡检系统由云台摄像机、球形摄像机、枪形摄像机、算法服务器、硬盘录像机、巡检工作站、智能巡检屏柜等组成。高清视频应用包括站端和应用平台。

1. 站端结构

站端感知层通过加装各类摄像机，包括云台摄像机、球形摄像机、枪形摄像机等，实现对现场一次设备状态指示、仪表数据进行采集和汇聚。其中云台摄像机、枪形摄像机采用立杆方式，球形摄像机根据现场实际情况采用立杆或挂墙方式。

拍摄的高清图片可以采用算法服务器进行智能分析。

（1）人员分析。对人员作业安全、行为安全、人员聚集等进行分析，将结果数据接入和显示，并实时告警。

（2）设备分析。对设备表计、状态指示、设备设施外观等识别分析并结果上送。设备表计主要包括 SF_6 压力表、开关动作次数计数器、避雷器泄漏电流表、油温表、液压表、有载调压挡位表、油位计等；状态指示主要包括断路器、隔离开关等一次设备的分合状态。

（3）环境分析。对变电站重要设备和区域进行实时监测，判断异物入侵、异物占道、异物搭挂等情况，将结果数据接入和展现，并实时告警。

2. 应用平台

（1）通过对各类表计、设备位置和状态的识别实现变电站数据综合分析与应用，提升智能巡检水平。

（2）作为一键顺控时设备位置的有效识别，自动实现一键顺控，避免人工去现场检查，大大提升运维操作效率。

3.4.5.2 运行安全注意事项

应对安装摄像机进行外观验收，检查外观和安装是否完好，摄像机和智能巡检设备在运行时不得随意移动、拆卸。

定期检查智能巡检运行情况，包括离线、数据异常、误告警等，当出现异常现象时应按照运行维护手册进行检查处理。处理情况应予以记录，并录入缺陷系统。若平台显示设备告警，运维人员须到现场进行复测，若复测结论与平台检测结论一致，则根据设备缺陷性质处理；若复测结论与平台检测结论不一致，在确认现场设备正常后，检查摄像机与交换机是否出现异常。若交换机出现异常，按交换机异常处理原则进行处理；若摄像机出现异常，按摄像机异常处理原则进行处理。

巡视发现摄像机、交换机、硬盘录像机故障后，若不能及时更换，应结合故障设备调整恢复巡视周期。

执行一键顺控时，若出现设备状态或位置识别不正确或无效，应立即停止操作，中止一键顺控的流程。

3.5 设备典型缺陷及隐患

3.5.1 一次设备发热缺陷

3.5.1.1 电流致热型发热缺陷

电流致热是电流效应引起的发热，一般是由设备接触不良引起的电阻过大、设备连接不紧固或接触面锈蚀等引起。

（1）××××年 3 月 12 日，智能巡检机器人测温发现 220kV ××变电站 2 号主变压器 7023 隔离开关 A 相桩头发热 60℃，B 相 21℃，C 相 22℃（环境温度为 10℃），属于严重发热缺陷。期间利用智能巡检机器人进行特殊巡视开展跟踪测温，关注发热部位的温度变化情况。

（2）3 月 19 日测温发现 2 号主变压器 7023 隔离开关 A 相桩头发热 80℃，

B 相 26℃，C 相 15℃（环境温度为 12℃），相对温差为 95.5%，属于危急缺陷，于是立即联系检修停电处理。

3.5.1.2　电压致热型发热缺陷

电压致热是由电压效应引起的设备发热现象，一般温差比较小，只存在严重及以上缺陷。

220kV××变电站精确测温发现某 220kV 线路电压互感器 B 相上下节温差达 4℃（上节温度 33.3℃，下节温度 28.9℃）。经试验，该线路电压互感器 B 相上节介质损耗值 0.723%，数值超标，判断为电压互感器上节电容器内部故障。更换故障电压互感器并完成冲击试验后缺陷消除。

3.5.2　局部放电检测数据超标

220kV××变电站超声波检测发现"3 号主变压器 103（Ⅵ）开关柜"后上部超声信号异常，超声波有效值为 10dB，周期最大值为 20dB，判断为沿面放电。如图 3-10 所示，为严重缺陷，需要尽快处理。

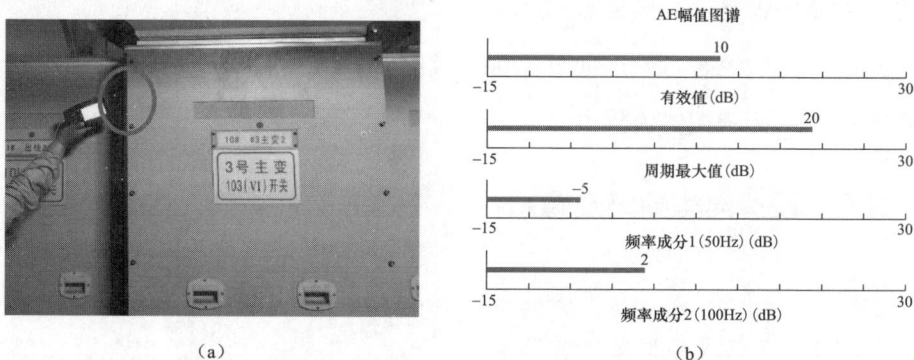

图 3-10　某开关柜局部放电图

（a）信号幅值最大位置；（b）超声波幅值检测图谱

3.5.3　铁芯及夹件接地电流超标

××××年 3 月 29 日，××变电站××号低压电抗器在铁芯、夹件接地电流检测时，发现铁芯接地电流达到 596mA，夹件接地电流达到 593mA，二者均超过规定 100mA 的注意值，色谱检测未见异常。

将低压电抗器返厂进行解体分析，在解体前对铁芯对地、夹件对地、铁芯对夹件绝缘电阻进行测量，铁芯对地、夹件对地绝缘状态良好，但铁芯对夹件绝缘电阻为零。解体中将压盘紧固螺杆松动后，铁芯对夹件绝缘状态由无转为良好。分析认为低压电抗器多处绝缘结构存在铁屑等杂质，杂质在震动或电场力作用下造成铁芯和夹件短接。

3.5.4 变压器、互感器渗漏油

3.5.4.1 变压器渗漏油

（1）油浸式变压器漏油速度每滴时间不快于 5s，且油位正常，应加强监视，按缺陷处理流程上报。

（2）油浸式变压器漏油速度每滴时间快于 5s，且油位正常，属于严重缺陷。

（3）油浸式变压器漏油形成油流，漏油速度每滴时间快于 5s，且油位低于下限，应立即汇报值班调控人员申请停运处理。

3.5.4.2 电流互感器渗漏油

（1）渗油及漏油速度每滴不快于 5s，且油位正常的，应加强监视，按缺陷处理流程上报。

（2）漏油速度每滴不快于 5s，但油位低于下限的，应立即汇报值班调控人员申请停运处理。

（3）漏油速度每滴快于 5s，应立即汇报值班调控人员申请停运处理。

（4）倒立式互感器出现渗漏油时，应立即汇报值班调控人员申请停运处理。

3.5.4.3 电压互感器渗漏油

（1）油浸式电压互感器电磁单元油位不可见，且无明显渗漏点，应加强监视，按缺陷处理流程上报。

（2）油浸式电压互感器电磁单元漏油速度每滴时间不快于 5s，且油位正常，应加强监视，按缺陷处理流程上报。

（3）油浸式电压互感器电磁单元漏油速度每滴时间不快于 5s，但油位低于下限的，应立即汇报值班调控人员申请停运处理。

（4）油浸式电压互感器电磁单元漏油速度每滴时间快于 5s，应立即汇报值班

班调控人员申请停运处理。

（5）电容式电压互感器电容单元渗漏油，应立即汇报值班调控人员申请停运处理。

3.5.4.4 渗漏油示例

（1）××××年7月7日08时45分，运维人员在进行220kV××变电站例行巡视工作时，发现110kV某线路电压互感器C相电容和电磁单元处渗漏严重，并利用高清视频准确判断电压互感器顶部的渗漏点属于危急缺陷。

（2）经更换该线路电压互感器C相后检修消缺工作结束，17时55分该110kV线路恢复送电，线路电压互感器C相检查正常。

3.5.5 变电站鸟害及周边隐患

3.5.5.1 变电站鸟害

1．变电站鸟害影响

（1）近年来生态环境的改善导致鸟类增多，已严重威胁变电站的安全运行。变电站常见的鸟害类型主要分为鸟窝和鸟粪2种。

（2）鸟类在户外筑巢的过程中，多选用的筑巢材料为树枝与金属丝。阴雨天气，潮湿的树枝可能会导致接地短路事故的发生；筑巢材料中的废金属丝易导致变电站短路事故的发生。鸟粪的危害主要是鸟粪在下落后对设备支柱绝缘子的污染，易引起运行设备的闪络，甚至导致断路器跳闸。

2．变电站鸟害治理示例

（1）运维人员例行巡视时发现，220kV××变电站220kV某母线隔离开关A相拐臂处有鸟窝，鸟窝已悬挂至隔离开关绝缘子上沿，风吹飘动极易引起闪络放电造成220kV正母线跳闸，属于危急缺陷。

（2）向调控申请该线路开关改为冷备用，对该母线隔离开关A相拐臂处鸟窝进行清理并安装防鸟挡刺板。

3.5.5.2 变电站周边隐患

（1）变电站外常见彩钢瓦、塑料大棚和易飘浮物等，如遇恶劣大风天气可能会飘进变电站，造成设备短路跳闸。

（2）巡视发现有周边隐患，应及时联系属地供电所或当地社区（村委会）协助处理，督促责任方完成清理或整改。

（3）如遇大风、暴雨等恶劣天气，应提前组织周边隐患的特殊巡视，恶劣天气期间利用视频监控和人工特殊巡视及时发现隐患的变化情况。

（4）充分利用无人机巡检查看变电站周边隐患的具体位置和隐患类型，辅助判断站内飘浮物的来源。

第4章 设备启动投运

为保障设备投运后长期安全稳定运行，变电运维人员应该严格把控验收启动的各个关口，坚持"安全第一，分级负责，精益管理，标准作业，零缺投运"的原则。

4.1 生产准备工作

生产准备工作主要包括运维单位明确、人员配置、人员培训、规程编制、工器具及仪器仪表、办公与生活设施购置、工程前期参与、验收及设备台账信息录入等。

新建变电站核准后，主管部门应在1个月内明确变电站生产准备及运维单位，运维单位应确定生产准备人员，全程参与相关工作，结合工程情况对生产准备人员开展有针对性的培训，在建设过程中及时接收和妥善保管工程建设单位移交的专用工器具、备品备件及设备技术资料。

工程投运前1个月，运维单位应配备足够数量的仪器仪表、工器具、安全工器具、备品备件等，做好检验、入库工作，建立实物资产台账。运维班组织完成变电站现场运行专用规程的编写、审核与发布，相关生产管理制度、规范、规程、标准配备齐全，将设备台账、主接线图等信息按照要求录入 PMS 系统，在变电站投运前1周完成设备标志牌、相序牌、警示牌的制作和安装。

4.2 验收流程

参与验收人员在现场工作中应高度重视人身安全，针对带电设备、启停操作中的设备、瓷质设备、充油设备、含有毒气体设备、运行异常设备及其他高风险设备或环境等应开展安全风险分析，确认无风险或采取可靠的安全防护措施后方可开展工作，严防工作中发生人身伤害。

变电运维班主要履行以下职责：

（1）参加厂内验收、到货验收、隐蔽工程验收、中间验收、竣工（预）验收、启动验收。

（2）做好标志牌制作安装、备品备件和工器具验收工作。

（3）建立设备台账信息。

（4）配合做好工程投运后缺陷、资料档案等问题整改。

4.2.1　厂内验收

厂内验收最重要的就是关键点见证和出厂验收，关键点见证和出厂验收的运维人员要有一定的实际工作经验和专业知识，熟悉设备的原理、结构、工艺、试验和相关标准，以及有较强工作责任心。

4.2.1.1　关键点见证

关键点见证是指按照技术监督要求，在设备制造环节组织开展的质量监督工作，监督、检查设备的生产制造过程是否符合设备订货合同、有关规范、标准的要求。关键点见证的主要工作方法有调阅监造日志和记录（含图片、视频等信息）；抽样检查主要材料，如变压器电磁线抽检；抽样检查关键工艺的检验记录，如抽样检查突发短路试验。

关键点见证主要内容如下：

（1）审查供应商的质量管理体系及运行情况。

（2）查验主要生产工序的生产工装设备、操作规程、检测手段、测量试验设备。

（3）查验有关人员的上岗资格、设备制造和装配场所环境。

（4）查验外购主要原材料、组部件的质量证明文件、试验、检验报告。

（5）查验外协加工件、材料的质量证明，以及供应商提交的进厂检验资料，并与实物相核对。

（6）在制造现场对主要及关键组部件的制造工序、工艺和制造质量进行监督和见证。

（7）查验在合同约定的产品制造过程中拟采用的新技术、新材料、新工艺的鉴定资料和实验报告。

（8）掌握设备生产、加工、装配和试验的实际进展情况。

4.2.1.2 出厂验收

出厂验收是指按照设备订货合同，对在制造厂内安装好的设备进行验收，主要验收内容如下：

（1）应检查见证报告，见证项目应符合合同规定。

（2）所有附件出厂时均应按实际使用方式经过整体预装。

（3）检查组部件、材料、安装结构、试验项目是否符合技术要求。

（4）是否满足现场运行、检修要求。

（5）制造中发现的问题应及时解决。

（6）出厂试验结果应合格，订货合同或协议中明确增加的试验项目应进行其他型式试验项目、特殊试验项目应提供合格、有效的试验报告。

（7）出厂验收不合格产品及整改内容未完成产品出厂后不得进行到货签收。

4.2.2 到货验收

主要设备到货后，制造厂、运输部门、用户三方人员应共同验收，验收内容如下：

（1）检查运输过程中是否造成货物质量的损坏，并审核设备、材料的质量证明。

（2）检查设备运输过程记录，查看设备包装、运输安全措施是否完好。

（3）检查确认各项记录数值是否超标。

（4）设备运输应严格遵照设备技术规范和制造厂家要求，同时落实各项反事故措施要求。

（5）检查实物与供货单及供货合同是否一致。

（6）检查随产品提供的产品清单、产品合格证（含组附件）、出厂试验报告、产品使用说明书（含组附件）等资料是否齐全完整。

4.2.3 隐蔽工程验收

在工程隐蔽前 5 个工作日内进行隐蔽工程的验收，相关单位应提供工程实体质量工艺情况及设计变更、施工记录、旁站记录、试验报告等管理技术资料。隐蔽工程验收主要项目如下：

（1）变压器（电抗器）器身检查。

（2）变压器（电抗器）冷却器密封试验。

（3）变压器（电抗器）密封试验。

（4）组合电器设备封盖前检查。

（5）高压配电装置母线（含封闭母线桥）隐蔽前检查。

（6）站用高、低压配电装置母线隐蔽前检查。

（7）直埋电缆隐蔽前检查。

（8）屋内、外接地装置隐蔽前检查。

（9）避雷针及接地引下线检查。

（10）其他有必要的隐蔽性验收项目。

4.2.4 中间验收

中间验收分为主要建（构）筑物基础基本完成、土建交付安装前、投运前（包括电气安装调试工程）等 3 个阶段。

变电工程必须开展的中间验收与竣工（预）验收不得合并进行，中间验收前应完成需验收内容的施工单位三级自检及监理初检。在中间验收时发现有影响电气安装的问题应立即整改，在整改未完成前，不得进行后续的安装工作。

4.2.5 竣工（预）验收

（1）竣工（预）验收前必须满足以下条件：

1）施工单位完成三级自检并出具自检报告。

2）监理单位完成验收并出具监理报告，明确设备概况、设计变更和安装质量评价。

3）现场设备生产准备完成。

4）现场应具备各类生产辅助设施（包括安全工器具、专用工器具、备品备件等）。

5）施工图纸、交接试验报告、单体调试报告及安装记录等完整齐全，满足投产运行的需要。

6）设备的技术资料（包括设备订货相关文件、设计联络文件、监造报告、设计图纸资料、供货清单、使用说明书、备品备件资料、出厂试验报告等）齐全。

（2）验收内容主要包括：

1）主设备的安装试验记录。

2）工程技术资料包括出厂合格证及试验资料、隐蔽工程检查验收记录。

3）抽查装置外观和仪器、仪表合格证。

4）电气试验记录。

5）现场试验检查。

6）技术监督报告及反事故措施执行情况。

7）工程生产准备情况。

现场运维验收成员要熟悉竣工（预）验收方案，掌握竣工（预）验收标准卡内的验收标准、安装、调试、试验数据等内容。现场验收过程必须持卡标准化作业，逐项打勾，关键试验数据要记录具体测试值，异常数据须向专业组长汇报。验收完成后，现场运维验收人员应当详细记录验收过程中发现的问题，形成记录存档，并在验收卡上签字。

4.2.6 启动验收

在工程项目启动投运前，运维班组应组织人员对相关一次设备、二次设备、生产辅助设备、土建设施等进行验收，发现问题后向专业组长汇报。待验收及消缺完成后，工程验收组向启动验收委员会提交工程启动验收报告，并向启动委员会汇报工程具备启动条件，经工程启动委员会批准后方可投运。启动期间，应按照启动试运行方案进行系统调试，对设备、分系统与电力系统及其自动化设备的配合协调性能进行全面试验和调整，工程验收组进行确认。试运行期间

（不少于 24h），运维班组需要对设备进行巡视、检查、监测和记录，试运行完成后，运维单位还需要再对各类设备进行一次全面的检查，并对发现的缺陷和异常情况进行跟踪处理，由验收组再行验收。

4.3 设备验收要点

运维人员参与的变电设备验收流程主要是竣工（预）验收、启动验收 2 个流程。本节重点介绍线圈类设备、开关类设备、二次设备、辅助设施 4 个类别的竣工（预）验收及启动验收要点。

4.3.1 线圈类设备验收要点

线圈类设备主要包括变压器、电抗器、电流互感器、电压互感器、消弧线圈、站用变压器等。

4.3.1.1 竣工（预）验收

线圈类设备的竣工（预）验收主要包括本体外观验收、组部件验收、设备铭牌验收、封堵验收、接地验收等。

（1）外观验收。设备本体平整，表面干净无脱漆、锈蚀，无变形、开裂，标志正确、完整。

（2）组部件验收。

1）风机、加热器、照明等组部件能正常工作。

2）控制开关应在柜体外，具有防水功能。

3）套管瓷套表面清洁、无裂纹，无损伤。

4）油浸式设备油位指示清晰，油位正常。

（3）铭牌验收。

1）各部件设备出厂铭牌齐全、参数正确。

2）外壳铭牌上如果有明显标志的接线图，可不粘贴模拟接线图。

3）外壳上无铭牌的，应粘贴模拟接线图。

4）外壳上应贴有实物 ID。

（4）封堵验收。设备密封良好，一、二次电缆孔洞封堵完整。

（5）接地验收。设备外壳接地牢固可靠，保证有 2 根与主接地网不同地点连接的接地引下线。

4.3.1.2 启动验收

线圈类设备的启动验收主要包括外观验收、监测装置验收、红外测温等。

（1）外观验收：各部分无放电现象，油浸式设备无渗漏现象，声音无异常。

（2）监测装置：各监测装置指示正常，且指示值在正常范围内。

（3）红外测温：红外测温无异常发热点。

4.3.2 开关类设备验收要点

开关类设备主要包括断路器、隔离开关、组合电器、开关柜等。

4.3.2.1 竣工（预）验收

开关类设备的竣工（预）验收主要包括本体外观验收、操动机构验收、接地验收、辅助装置验收等。

（1）本体外观验收。

1）设备本体构架、机构箱安装应牢靠，连接部位螺栓压接牢固，满足力矩要求，平垫、弹簧垫齐全，螺栓外露长度符合要求。

2）一次接线端子无松动、开裂、变形，表面镀层无破损。

3）设备基础无沉降、开裂、损坏。

4）设备出厂铭牌齐全、参数正确，相色标志清晰正确。

5）所有电缆管（洞）口应封堵良好。

（2）操动机构验收。

1）操动机构固定牢靠。

2）操动机构的零部件齐全，各转动部位应涂以适合当地气候条件的润滑脂。

3）电动机固定应牢固，转向应正确，并设置缺相保护器。

4）各种接触器、继电器、微动开关、压力开关、压力表、加热驱潮装置和辅助开关的动作应准确、可靠，接点应接触良好，无烧损、锈蚀。

5）机构密封完好，加热驱潮装置运行正常。

6）做好控制电缆进机构箱的封堵措施，严防进水。

（3）接地验收。

1）接地采用双引下线接地，接地铜排、镀锌扁钢的截面积应满足设计要求。

2）接地引下线应有专用的色标。

3）紧固螺钉或螺栓应使用热镀锌工艺，其直径应不小于 12mm。

4）接地引下线无锈蚀、损伤、变形，与接地网连接部位其搭接长度及焊接处理应符合要求。

（4）辅助装置验收。

1）机构箱、汇控柜中应有完善的加热、驱潮装置，并根据温湿度自动控制，必要时也能进行手动投切，其设定值满足安装地点环境要求。

2）应装设照明装置，且工作正常。

4.3.2.2　启动验收

开关类设备的启动验收主要包括外观验收、红外测温等。

（1）外观验收。

1）瓷套管、复合套管运行正常，无电晕和放电声。

2）设备各位置指示正常。

3）本体各部分无放电现象。

4）声音无异常。

（2）红外测温。设备本体及接头无过热现象。

4.3.3　二次设备验收要点

二次设备的验收主要包括设备外观检查、环境检查、屏柜验收、屏柜接地、防火封堵、清洁检查等。

（1）外观检查。

1）二次设备屏柜前后均须具有设备名称编号牌。

2）各单元装置名称编号必须准确、清晰，各端子排、端子箱的二次接线标志应清晰、准确无误。

3）屏内具有多单元设备合并组屏的，则各单元装置之间应有分隔线。

（2）环境检查。

1）二次设备运行的室内环境温度应常年保持在 5～30℃。

2）无法自然保持该温度的继电保护室、控制室及安装了二次设备的开关室等场所，应安装空调设备。

（3）屏柜验收。

1）屏柜上的设备与各构件连接应牢固，在振动场所，应按设计要求采取防振措施，且屏柜安装的偏差应在允许范围内。

2）紧固件表面应进行镀锌或其他防腐蚀材料处理。

（4）防火封堵。

1）电缆进出屏柜的底部或顶部及电缆管口处时应进行防火封堵，封堵应严密。

2）屏柜间隔板应密封严密。

（5）清洁检查：装置内应无灰尘、铁屑、线头等杂物。

4.3.4　辅助设施验收要点

辅助设施包括防误闭锁装置，SF_6 气体含量监测设施，采暖、通风、制冷、除湿设施，以及消防设施、安防设施、防汛排水系统、照明设施、视频监控系统、在线监测装置和智能辅助设施平台等。

4.3.4.1　防误闭锁装置

（1）图纸资料的验收包括一次系统接线图、电磁锁闭锁的接线图、锁具设备地址码、设备状态采集信息的核对验收。

（2）防误规则的检验包括电气防误系统、监控防误系统、独立微机防误装置逻辑规则的检验。

（3）各防误锁具及防误闭锁操作回路均必须进行传动试验，以检验回路接线的正确性。

（4）传动验收过程中应注意闭锁情况的校验，即进行一些非正确的操作步骤试验，以检验装置的闭锁情况正确可靠。

（5）防误系统主控机、分布式通信控制器、充电装置的安装、二次接线、标牌及装置标签等应符合安装规范。

（6）防误装置使用的直流电源应与继电保护、控制回路的电源分开，交流电源应使用不间断供电电源。

4.3.4.2 SF_6 气体含量监测设施

（1）SF_6 气体泄漏监测系统验收内容包括装置主机、探头、风扇检查及模拟试验检查。

（2）气体传感器安装布点合理，无盲区。

（3）设备、屏内设备及端子排上内、外部连线正确，电缆标号齐全正确，空气开关等元器件标志齐全。

4.3.4.3 采暖、通风、制冷、除湿设施

（1）采暖、通风、制冷、除湿设施竣工（预）验收内容包括机械通风装置、空调和除湿机等设备的配置型号、数量及安装位置的检查确认。

（2）机械通风设施竣工（预）验收内容包括风机、控制箱安装工艺检查，功能检查。

（3）空调、除湿机竣工（预）验收内容包括室内外主机、管路的布置及功能检查。

（4）通风、空调及除湿机系统应进行试运行验收，无异常振动与声响，风向正确，噪声不超过设备说明书标准。

（5）电暖器竣工（预）验收内容包括安装工艺检查及功能检查。

4.3.4.4 消防设施

（1）消防器材配置包括灭火器、消防水带、消防沙桶、消防沙箱、消防铲、消防斧等，配置数量符合要求。

（2）变压器固定式灭火装置验收包括操作及功能试验，灭火器的管道、喷头安装检查，储氮罐、阀门及氮气瓶压力检查。

（3）火灾自动报警系统的联动控制测试、火灾信号上传测试、消防水系统、消防水池容积检查，特殊气候下防范措施检查。

（4）电缆洞封堵应符合施工工艺要求，电缆防火涂料应符合防火要求，电

缆有分段防火阻燃措施。

4.3.4.5 安防设施

（1）变电站安防设施验收内容主要包括脉冲式电子围栏、室内入侵防盗报警装置、门禁系统、实体防护装置的安装工艺、接线布线。

（2）验收根据施工安装单位提供的工程合同、正式设计文件、变更设备清单、隐蔽工程随工验收单、主要设备的检验报告和认证证书等主要技术文件或资料实施验收。

4.3.4.6 防汛排水系统

（1）排水泵的运行根据集水池的水位变化自动控制，集水池应配置响应水泵，一主一辅，并能自动轮换。

（2）排水泵验收内容包括动态功能试验、远程监控、自动控制排水、水位告警远方遥控启动、停止功能验收。

（3）现场就地具备自动、手动功能，在水泵前应设置格栅。

4.3.4.7 照明设施

（1）照明设施资料验收包括应有符合设计文件及相关技术规范、规程，符合相关国家、行业标准的要求的说明书和型试报告，开关、应急灯应有明确的标志。

（2）照明设施竣工（预）验收包括灯具选用配置验收、室内及室外设备区灯具布置的验收、灯具安装工艺验收、照明供电线路接线布线验收、事故照明系统应进行的试验。

4.3.4.8 视频监控系统

（1）根据项目合同所列的站端系统设备清单，逐项核查配件。

（2）站端视频监控设备应符合变电站自动化设备设计要求及有关标准。

（3）站端视频监控系统验收应检查视频图像清晰，预设位设定正确且清晰。

（4）摄像机安装布点验收内容包括安防及设备区摄像机布点，应符合本站配置要求。

（5）安装工艺及布线验收中应对摄像机安装固定、布线及管道封堵、屏内端子排接线、标签标识牌等进行检查。

（6）联动控制验收时应对辅助灯光控制，对防盗入侵联动画面进行试验。

（7）视频监控系统的文件资料应与现场设备一致，并符合相关技术要求。

4.3.4.9　在线监测装置

（1）变压器状态监测、组合电器局部放电、容性设备状态监测、避雷器设备状态监测装置传感器布点安装、接线应满足相应技术要求。

（2）对在线监测装置抗干扰性能、过电压保护性能进行测试验收。

（3）在线监测装置的软件系统及监控通信单元的测试检验。

（4）文件与资料应与现场设备及规定一致。

4.3.4.10　智能辅助设施平台

（1）智能辅助设施平台设备外观及安装工艺验收包括辅助控制主机型号规格、接线、标志及附件安装的验收。

（2）智能辅助平台接口测试应符合国家电网公司测试要求。

（3）环境、视频、火灾消防、采暖、通风、制冷、除湿、照明、SF_6、安全防范、门禁等所有监控量在智能辅助监控系统主界面上的一体化显示和控制测试。

（4）SF_6 告警信息、火灾告警信号、环境温度超温信号、水浸告警信号能上传到调度控制中心。

（5）智能辅助平台系统与子系统、站内自动化系统之间能够进行联动测试。

第5章 倒闸操作安全管理

倒闸操作是变电运行人员长期从事的一项基本的工作，其十分重要，直接关系到电网整体的可靠性和安全性。倒闸操作也是一项较为烦琐的工作，其不但涉及一次设备，而且还涉及二次设备，一旦发生了误操作，其后果将是非常严重的。因此，确保倒闸操作的安全性、正确性具有十分重要的意义。

5.1 倒闸操作管理

倒闸操作管理包括倒闸操作管理要求、倒闸操作流程规范、倒闸操作技术要求、智能站操作管理、倒闸操作危险点分析。

5.1.1 倒闸操作管理要求

5.1.1.1 常规操作要求

（1）倒闸操作过程中要严防发生下列误操作：

1）误分、误合断路器。

2）带负荷拉、合隔离开关或手车触头。

3）带电装设（合）接地线（接地开关）。

4）带接地线（接地开关）合断路器（隔离开关）。

5）误入带电间隔。

6）非同期并列。

7）误投退（插拔）压板（插把）、连接片、短路片，误切错定值区，误投退自动装置，误分合二次电源开关。

（2）电气设备检修，在得到调度工作许可令后现场运维人员方可进行布置安全措施的操作。检修工作结束，现场运维人员自行拆除安全措施（但不得拆除调度发令装设的线路接地线或接地开关），向调度汇报竣工。

（3）设备停电检修须退出检修设备保护联跳和开出至其他单元回路的压板，涉及需接拆二次回路接线的由检修人员执行。

（4）设备改检修。在合上接地开关或装设接地线前，应分别验明接地处三相确无电压。对于 GIS、开关柜等出线改检修时，在线路带电时应检查带电显示装置的显示是否正常，线路改检修前检查带电显示装置，待显示无电后方能操作出线接地开关或装设接地线。检查带电显示装置显示正常及检查带电显示装置显示无电应分别作为 2 个操作步骤填入操作票。

（5）改扩建工程验收时，在进行遥控操作验证前，应将扩建间隔的遥控方式开关（遥控压板）切至"远方"（投入）位置，其他所有间隔的遥控方式开关（遥控压板）切至"就地"（退出）位置，试验完毕后将其恢复原位。

（6）35kV 及以下电压等级的保护、重合闸、备自投具备软压板遥控投退功能的，硬压板正常均投入。涉及监控远方操作的二次设备由运维人员现场进行操作时，原则上应在变电站监控后台遥控软压板，确保与调控中心一致。

（7）隔离开关（接地开关）验收时应分别进行手动操作、电动操作和后台遥控操作的传动试验。在监控后台上进行分合闸传动操作前应检查相应开关、隔离开关的位置是否满足传动操作条件。

（8）对于智能变电站，软压板投退操作应在监控后台进行，装置上进行核对软压板操作后的状态。

5.1.1.2　顺控操作要求

（1）实现顺控操作的系统应具有操作票强制模拟预演功能，预演不通过不得执行该操作票。

（2）顺控操作时，应填写倒闸操作票。

（3）操作过程中应注意观察当地监控后台机上程序化操作的执行进程及各项告警信息，发现异常情况时可按急停按钮。

（4）顺控操作结束后，应对所操作的设备进行一次全面检查，以确认操作正确、完整，设备状态正常。

（5）顺控操作发生中断时，应按以下要求进行处理。

1）若设备状态未发生改变，须在排除停止顺控操作的原因后方可继续进行顺控操作，若停止顺控操作的原因无法在短时间内排除，则应改为常规操作。

2）若设备状态已发生改变，根据正在执行的调度命令，按常规操作要求重新填写操作票进行常规操作，对程序化已执行步骤需核对现场设备状态并打勾。顺控票与常规操作票备注栏应进行说明。

5.1.1.3 操作的异常处理

（1）在倒闸操作过程中发生事故情况时应暂停操作，汇报调度，按调度要求进行后续操作。采取监控转令方式发令的变电站，当异常及故障处理涉及被操作设备时，现场在汇报华东分中心后，应及时告知监控。

（2）倒闸操作过程若因故中断，在恢复操作时运维人员应重新进行核对（核对设备名称、编号、实际位置）工作，确认操作设备、操作步骤正确无误。在备注栏内注明中断及恢复操作时间、中断原因、汇报调度员姓名。

（3）在端子箱内进行隔离开关操作失灵时应停止操作，查明原因，不得随意改用就地机构箱内的电动或手动操作，严禁采用手按操动机构接触器的方法进行操作。

（4）如中断操作后终止操作，应在操作票备注栏内注明中断时间、中断原因、汇报调度员姓名。

（5）如调度取消部分操作任务，应在取消的任务项和操作步骤上用删除线划去，并在备注栏中注明取消时间、取消的操作任务、取消原因及汇报调度员姓名。

（6）事故处理时可不填写操作票，但应做好全程录音。

（7）分相操作的开关发生非全相合闸时，应立即拉开开关，查明原因。分相操作的开关发生非全相分闸时，应立即汇报值班调控人员，断开开关操作电源，按照值班调控人员指令隔离该开关。

（8）发生误拉开关后应立即汇报相应调度，并按调度指令进行后续处理操作。

（9）误合上隔离开关后禁止再行拉开，合闸操作时即使发生电弧，也禁止将隔离开关再次拉开。误拉隔离开关时，当发现主触头刚刚离开（即电弧产生）时应立即合回，查明原因。如隔离开关已经拉开，禁止再合上。

5.1.2　倒闸操作流程规范

1．接受预令

（1）运维人员接收调度预令，应与预发人互通单位、姓名，使用规范的调度术语和普通话，并进行全过程电话录音。

（2）发令人对其发布的操作任务的安全性、正确性负责，接令人对操作任务的正确性负有审核把关责任，发现疑问应及时向发令人提出。

2．填写操作票

（1）接令后，填票人与审票人应一起核对实际运行方式、一次系统接线图，明确操作目的和操作任务，核对操作任务的安全性、正确性，确认无误后方可开始填写操作票。

（2）填票人应根据调度操作任务，对照一、二次设备运行方式填写操作票，填写完毕、审核无误后签名，不得由他人代签。然后提交正值审核。

3．审核操作票

（1）正值对当班填写的操作票应进行全面审核，首先必须明确各操作票的操作目的和操作任务内容，然后逐项检查操作步骤的正确性、合理性、完整性。

（2）审核发现有误应由填票人重新填写，审核人确认正确无误后在操作票审核人栏签名，不得由他人代签。

4．操作准备

操作中需对使用的安全用具进行正确性、完好性检查，检查准备的工器具电压等级是否合格、试验周期是否符合规定、外观是否完好、功能是否正常。

5．接受正令

（1）运维人员接受调度正令时，双方应先互通单位、姓名，双方应使用规范的调度术语和普通话，并全过程电话录音。

（2）发令调度员将操作任务的编号、所需操作的变电站、操作任务、正令时间一并发给受令人，受令人复诵，经双方核对确认无误后即告发令结束。

（3）对于调度发布的口令操作任务，发、受令规范同操作正令操作。

（4）接受调度正令后，操作人、监护人在操作票中分别签名，监护人填写操作开始时间，准备模拟预演。

6．模拟预演

（1）监护人手持操作票与操作人一起进行模拟预演，监护人按照操作步骤，在一次系统模拟接线图中对照具体设备进行模拟操作唱票，操作人则根据监护人唱票内容进行复诵。当监护人确认无误后即发出"正确，执行"的指令，操作人即将一次系统模拟接线图上的相关设备进行变位操作。在监控后台机上进行模拟前，必须确认是在模拟操作界面下进行。

（2）模拟操作结束后，监护人、操作人应共同核对模拟操作后系统的运行方式是否符合调度操作目的。

（3）除事故紧急情况外，正常操作过程中严禁不经模拟预演即进行操作。模拟操作必须全过程录音。

（4）二次设备操作可不进行模拟预演操作。

7．正式操作

（1）变电运维人员在执行倒闸操作票前后，应检查监控后台告警信息的情况，确认无影响操作的异常信号后方可进行后续相关工作。

（2）倒闸操作应严格执行监护复诵制，没有监护人的指令，操作人不得擅自操作。

（3）操作过程中操作人必须走在监护人前面，操作人到达具体设备操作地点后，监护人应根据操作项目核对操作人的站位是否正确，核对操作设备名称编号及设备实际状况是否与操作项目相符。

（4）核对无误后，监护人根据操作步骤，手指设备操作处高声唱票，操作人听清监护人指令后，手指设备操作处高声复诵，监护人再次核对正确无误后，即发出"正确，执行"的命令，操作人方可进行操作。

（5）每项操作结束后都应对设备的终了状态进行检查。

（6）操作中需使用钥匙时，应由监护人将钥匙交给操作人，操作人方可开锁将设备操作到位。

（7）在操作过程中必须按操作顺序逐项操作，每项操作结束后监护人必须及时打勾，不得漏项、跳项。

（8）操作全部结束后，应对所操作的设备进行一次全面检查，并核对整个操作过程是否正确完整。

8．操作汇报

（1）对于列入监控中心监控的变电站，操作完毕后汇报调度前变电站运维人员应及时与相应监控人员联系，告知操作完毕时间并核对设备状态及异常信息。

（2）采取监控转令方式发令的变电站，现场完成操作后，变电站运维人员向监控员回令，监控员负责将操作结果汇报给华东分中心调度员。

（3）操作完毕后，监护人应通过录音电话及时向调度（监控）汇报并核对操作后的运行方式。

5.1.3 倒闸操作技术要求

5.1.3.1 一般要求

（1）停电拉闸操作应按照断路器—负荷侧（非母线侧）隔离开关—电源侧（母线侧）隔离开关的顺序依次进行，送电合闸操作应按与上述相反的顺序进行。

（2）3/2 接线方式的线路或主变压器停电拉闸操作，应按照中间断路器—边断路器的顺序进行，送电合闸操作顺序应与上述相反。

（3）在一个操作任务中，如同时停用几个间隔时，允许在先行拉开几个开关后再分别拉开隔离开关，但拉开隔离开关前必须在检查每一个断路器的相应位置后随即分别拉开对应两侧的隔离开关。

5.1.3.2 一次设备操作要求

（1）断路器的操作应在监控后台进行，一般不得在测控屏进行，严禁就地操作。

（2）解环操作前、合环操作后应抄录相关开关的三相电流分配情况。

（3）充电操作后应抄录充电设备的电压情况。

（4）隔离开关就地操作时，应做好支柱绝缘子断裂的风险分析与预控，操作人员应正确站位，避免站在隔离开关及引线正下方，操作中应严格监视隔离开关动作情况，并视情况做好及时撤离的准备。

（5）隔离开关操作失灵时严禁擅自解锁操作，必须查明原因，确认操作正确，并履行解锁许可手续后方可进行解锁操作。

（6）主变压器并列操作前必须检查分接头电压符合并列要求，并列运行的主变压器其中一台停用时，操作前应检查负荷分配情况，防止主变压器过载。

（7）主变压器中性点运行要求：

1）大电流接地系统的主变压器进行停、送电前，应先将各侧中性点接地开关合上。

2）并列运行中的主变压器中性点接地开关如需倒换，应先合上另一台主变压器的中性点接地开关，再拉开原来主变压器的中性点接地开关，并相应调整主变压器中性点间隙保护。

3）110kV 及以上的主变压器处于热备用状态时，其中性点接地开关应合上。

4）中性点接有消弧线圈的主变压器在停电时，应先拉开消弧线圈的隔离开关，再停主变压器，送电时则相反。

5）消弧线圈装置运行中从一台变压器的中性点切换到另一台时，必须先将消弧线圈断开后再切换。不得将两台变压器的中性点同时接到一台消弧线圈上。

（8）对于 GIS 等组合电气设备热倒操作，由于不能直接观察到隔离开关触头的分合状况，为防止隔离开关触头发生非全相状况或隔离开关接触不良，造成带负荷拉合隔离开关，在合上母联断路器后，应检查母联断路器三相电流不平衡情况，每一把隔离开关操作后均应检查母联断路器三相电流不平衡情况及母差保护差流告警情况，并分相比对操作前后母联断路器三相电流变化情况，在热倒操作完成后应先检查母联断路器三相电流不平衡情况（分相记录电流值）及母差保护无差流告警后，方可拉开母联断路器，以上检查项目应作为单独步骤填入操作票。

（9）母线停电时应先停电容器，后停线路；送电时先送线路，然后根据电压或无功情况投入电容器。

（10）母线停电前，有站用变压器接于停电母线上的，应先做好站用电的调整操作。

（11）双母线接线停用一组母线时，在倒母线操作结束后，应先拉开空出母线上电压互感器二次侧断路器后再拉开母联断路器，最后拉开空出母线上的电压互感器隔离开关。

（12）双母双分段、双母单分段接线方式，停母线操作应先断开该母线分段开关。

（13）母线检修结束恢复送电时，必须对母线进行检验性充电。用母联断路器对母线充电时必须启用母差充电保护或母联断路器电流保护，用旁路断路器对旁路母线充电时必须启用旁路断路器线路保护并停用重合闸。

（14）双母线并列运行进行热倒操作时，必须检查母联断路器及两侧隔离开关在合位，将母差保护（或检查）改为互联方式、母联断路器改为非自动，母线电压互感器二次并列。热倒操作必须先合后拉。

（15）倒排间隔的断路器在分位的状态下所进行的倒排操作（以下简称冷倒），必须检查倒排间隔的断路器在分位，冷倒操作必须先拉后合。

（16）倒排操作结束后应检查所有倒排间隔无"切换继电器同时动作"信号发信，倒排操作后"切换继电器同时动作"信号发信不能复归时不得拉开母联断路器，严防电压互感器二次回路倒充电。

（17）某段母线停电，在倒排操作结束后拉开母联断路器前应检查母联断路器三相电流指示为零，防止漏倒。

5.1.3.3 二次设备操作要求

1.母差保护操作

（1）母线保护配有 2 套母差保护的，当调度发令投退母差保护未具体注明哪一套的，则 2 套母差保护应同时操作。

（2）母差保护改为信号应退出母差保护各跳闸出口压板、母差保护至其他保护或装置的启动压板，母差保护的功能压板不必退出。

（3）母联或分段断路器拉开后应投入相应母差保护的"母联断路器分列压板"或"分段断路器分列压板"，母联或分段断路器合上前应退出。该项操作，非"六统一"保护可列入安全措施票中，"六统一"保护应列入操作票中。

（4）发现母差保护隔离开关位置指示不对应时应查明原因，如确系隔离开关辅助开关不对应，应将母差保护相应间隔的隔离开关位置的小开关强制打至对应位置。

2.充电及过流保护的操作

（1）母线检验性充电，充电保护的启停用由现场运维人员自行掌握，充电结束后将保护退出。

（2）用母联断路器对母线充电，母差保护运行时应优先使用母差保护的短充电保护；母差保护停用时应启用母联断路器电流保护。"六统一"配置的母差保护应启用母联断路器电流保护。

（3）用母联断路器实现串供方式对新投运的线路、主变压器充电时应启用母联断路器电流保护，母差保护投信号。

（4）用旁路断路器对旁路母线充电，应启用旁路断路器的线路保护及停用重合闸。

（5）用分段断路器对母线充电，不论母差保护是否运行，均应启用分段断路器的电流保护对空母线充电。

3.线路保护的操作

（1）整套线路的保护停用，应断开所有出口跳闸压板和失灵启动压板。如只停用线路保护中的某一套保护，则只需退出某套保护的功能压板，不得退出保护装置的出口跳闸压板和失灵启动压板。

（2）线路闭锁式高频保护启用前须测试通道正常。

（3）500kV 线路（3/2 接线方式）重合闸停用时，应将线路保护跳闸方式置于三跳位置，停用相关开关重合闸（线变串或不完整串线路对应的 2 个开关重合闸置停用状态；线线串本线对应的靠近母线侧开关重合闸置停用状态）；对于没有装设线路保护跳闸方式开关的，直接将本线对应的 2 个开关重合闸改停用状态。

（4）对于线变串接线方式，线路边开关单独停用后，应投入中开关重合闸，边开关恢复运行前，应停用中开关重合闸。

（5）非"六统一"配置的线路重合闸停用，应退出本套线路保护重合闸出口压板，投入另一套线路保护"沟通三跳"压板，2 套重合闸方式开关均置停用位置。

（6）"六统一"配置的线路重合闸停用时应分别退出 2 套保护的重合闸出口压板，投入"停用重合闸"压板。当停用某一套重合闸时应退出本套保护的重合闸出口压板，但不得投入"停用重合闸"压板，以确保另一套保护重合闸可以正常动作。

（7）停用 110kV 及以下线路重合闸时应退出重合闸出口压板（或软压板）。

（8）220kV 线路配有双套保护且合用一套操作箱的，当单套保护停用时，不得断开操作箱电源空气开关。

4．主变压器保护的操作

（1）主变压器非电量保护的投退应根据公司的非电量整定单执行。

（2）主变压器中性点接地开关合上前，应停用主变压器间隙保护；主变压器中性点接地开关拉开后，应投入主变压器间隙保护。主变压器停送电操作不必考虑间隙保护的调整。主变压器无间隙保护出口压板的不必考虑操作。

5．备自投装置的操作

（1）备自投装置停用，只需退出合闸出口压板和跳闸出口压板。

（2）备自投装置投入后，应检查充电灯亮，检查方式指示正确。

（3）一次接线方式不满足备自投装置启用条件时，应根据调度命令决定装置是否停用。

（4）因故需断开与备自投装置有关的电压互感器二次回路时，须先将备自投装置停用。

（5）开关检修时，须退出备自投装置至检修开关的联跳及合闸压板。

5.1.4　智能站操作管理

5.1.4.1　定值操作要求

定值区切换操作应由运维人员在监控后台进行，操作前应在监控画面上核对定值区号，操作后应在监控画面及保护装置上核对定值区号，修改正确后，应在监控后台读取当前整定值，核对正确后打印保存。

更改智能单元、保护装置参数、定值时，应由检修人员在相应装置上进行，禁止在监控后台更改。

5.1.4.2　压板操作要求

（1）正常运行时，保护装置的"允许远方修改定值"软压板应在退出状态，"允许远方切换定值区"软压板应在投入状态，"允许远方控制"软压板应在投入状态，运维人员不得改变上述软压板的投退状态。

（2）保护功能软压板的投退操作应在监控后台进行，操作前应在监控后台核对软压板实际状态，操作后在监控后台及保护装置上核对软压板状态。

（3）开关检修时，应退出检修间隔保护失灵启动压板和母差保护装置至该检修间隔投入压板。

（4）配置双套合并单元的间隔，如停用其中一套合并单元时，应将对应的线路（主变压器）保护、母线保护装置停用。

5.1.4.3　安全措施操作要求

（1）一次设备安全措施设置要求与常规变电站相同。

（2）二次设备安全措施由运维人员在监控后台通过投退相应检修设备的软压板实现。

（3）保护装置检修结束后，运维人员在设备启用前应检查"置检修"硬压板已退出。

（4）二次设备安全措施如需插拔光纤接口、网络通道接口等通信接口，应由检修人员负责。

5.1.5 监控转令与操作

5.1.5.1 监控转令

纳入集中监控的变电站一、二次设备计划停、复役操作前，值班监控员应与调度员提前核对预发操作票。

对操作预令中的监控操作部分，必要时值班监控员应按要求拟写监控操作票，并由正值监控员审核通过，操作票拟写人、审核人应对拟写的监控操作票正确性负责。

省调操作预令现场操作部分由值班监控员转发至现场运维班组，应与运维人员核对操作预令票号、操作单位、操作内容等，并告知预定操作时间，且对预发操作票转发的正确性负责。地调及以下操作预令现场操作部分由调度值班员下发至现场运维班组，核对相关信息并对正确性负责。

值班监控员在转发调度预令时，不得做任何内容和顺序上的更改。

5.1.5.2 监控远方操作范围及要求

值班监控员接受各级调度正令，必要时应拟写相关操作票，根据相应的调度指令完成远方操作，并对操作的正确性负责。值班监控员在实施远方操作后应通知运维人员，并及时汇报值班调度员。

（1）监控远方操作范围如下：

1）开关的单一拉合操作。

2）电容器、电抗器投切。

3）调节变压器有载调压开关。

4）符合条件的二次软压板投退及保护定值区切换。

5）符合条件的隔离开关操作。

6）符合条件的程序化操作。

7）辅助设备的远方操作。

8）消防设备的远方操作。

9）其他允许的远方操作。

（2）远方操作前，值班监控员须对操作条件进行检查，检查内容包括：

1）设备通过远方操作验收。

2）无影响监控远方操作的设备异常信号。

3）主站监控系统通道正常。

4）待操作设备处于"远方"控制方式。

5）开关检修工作已经结束。

6）与现场确认是否正在操作与此开关相关的设备。

（3）出现以下情况时，禁止监控员进行远方操作。

1）设备未通过远方操作验收时。

2）存在缺陷或异常不允许进行远方操作时。

3）开关检修工作未结束时。

4）监控系统或通信通道存在异常，影响设备远方操作时。

5）运维班组正在现场操作与此开关相关的设备时。

值班监控员执行监控远方操作时，应在待操作间隔的分图内进行。

正常情况下，宜采用双人异机监护操作模式。在涉及多个变电站事故处理的情况下，为了加快事故处理速度，可进行单机操作，但应加强监护。

值班监控员进行远方操作时，若监控范围内电网发生事故，应立即暂停操作，在值班监控值长的带领下进行事故处理。事故处理完成后，如需继续操作，应汇报发令调度，并得到值班调度员的同意后，方可操作。

操作后，值班监控员须对远方操作结果进行检查。检查项目包括：

（1）接线图、实时告警窗中有开关对应的三相遥信变位。

（2）接线图中电压值、电流值有对应三相遥测量变化。

（3）相关间隔无异常信号。

（4）检查操作开关确已恢复至主站远方操作闭锁状态。

5.1.5.3 监控远方操作流程

（1）接受调度操作预令时，预令中由监控操作的部分，必要时监控员应拟写操作票，并经值长审核。

（2）接受调度正式操作指令。调度员向监控员发布远方操作正式操作指令（含口令），监控员复诵以示接令，调度员确认无误后，监控员填写发令调度员姓名和发令时间。接受正式操作口令后，如须监控执行远方操作，也应拟写操作票。

（3）监控远方操作告知。远方操作前，监控员应通知运维班组，告知操作内容，向现场运维人员确认具备远方操作条件，并核对开关状态。操作后应通知运维班组并及时汇报值班调度员。

5.1.5.4 监控远方操作解闭锁

以任何形式部分或全部解除防误闭锁功能的操作，均视为解闭锁。根据解闭锁范围，远方操作解闭锁可分为以下 3 个等级。

（1）全系统解闭锁操作。

（2）单一变电站（整站）的解闭锁操作。

（3）单一间隔的解闭锁操作。

任一级别的防误解闭锁操作，均应履行相关的汇报申请解闭锁流程。全系统解闭锁操作须向公司分管领导汇报申请；单一变电站（整站）的解闭锁操作须向分管主任汇报申请；单一开关的解闭锁操作须经当值监控值长或班组长同意。

以下情况需要或允许执行单一间隔的防误解闭锁操作：

（1）不经过智能操作票系统流转的调度口令操作。

（2）防误闭锁模块本身存在故障，无法通过智能操作票系统对设备进行正常操作时。

（3）异常、事故等紧急情况下的操作。

（4）在变电站进行改扩建的设备验收工作中，对尚未投运的改扩建设备进行调试验收时。

以下情况需要或允许执行整站的防误解闭锁操作：

（1）因事故处理，某一变电站急需进行多个间隔的操作时，可申请解除该站的防误闭锁功能。

（2）全站综合自动化装置改造、新建变电站或变电站大型改扩建工作需进行验收时，可申请解除该站防误闭锁功能。

当电网出现大面积事故，且在事故处理过程中需要在多个变电站进行密集操作时，允许执行全系统的防误解闭锁操作。

在操作结束后应尽快恢复系统防误闭锁功能，并在监控日志中做好记录。由于设备缺陷造成解闭锁操作的，还应及时发起相关缺陷处理流程。

若防误解闭锁失败，无法继续完成远方操作时，当值防误解闭锁人员应向自动化运维人员报缺处理，由自动化运维人员按照自动化流程处置，并按操作失败同时汇报调度。

5.1.5.5 监控远方操作异常处理

监控远方操作时，如发现监控远方操作条件不满足，应积极采取措施恢复操作条件。如短时间内无法处理，应按远方操作失败处理。

（1）解锁失败。如操作票系统未能按功能设计开放监控系统中对应开关监控远方操作权限，值班监护人可再触发一次解锁，即再次填写开始时间。如仍不能开放，应联系自动化运维人员处理。经确认短时间内无法处理的，履行解锁手续后，应由正值手动解锁，严格按照操作监护制度执行。若手动解锁失败，应向相关调度汇报，填报监控系统缺陷，按监控远方操作失败处理。

（2）闭锁失败。如操作票系统未能按功能恢复监控系统中对应开关监控远方操作闭锁，值班监护人可再触发一次闭锁，即再次填写结束时间。如仍不能闭锁，值班监护人在间隔分图内，右键单击待闭锁开关，在弹出的菜单中选择"遥控闭锁"。如仍不能闭锁远方操作，则应通知自动化运维人员处理，并填报监控系统缺陷。

（3）远方遥控失败。如远方遥控失败，执行人应再次检查监控远方操作条件，如操作条件未发生变化，允许再操作一次。如仍失败，应取消远方操作。如短时间内无法处理，或无法确定异常原因，应填报监控系统缺陷，按监控远方操作失败处理。监控远方操作失败，值班调度员则应将该开关操作指令以口令形式发布至现场，由现场运维人员操作。无论现场操作是否成功，值班监控员都应分析远方操作失败的原因，并按照缺陷流程处理。

若对远方操作结果产生疑问，值班监控员应联系现场运维人员检查，禁止将未经确认的监控远方操作结果汇报调度。不论设备是否正确变位，均应填写相应缺陷记录。

5.1.6　倒闸操作危险点分析

5.1.6.1　断路器操作的危险点分析

1. 断路器就地操作、测控屏操作

（1）危险点分析。就地操作有导引线、绝缘子断裂坠落，气室爆炸等风险，严重威胁人身安全。测控屏操作时不能及时发现后台异常信号，看不到设备状态变化，同屏设备多引起操作错误等风险。

（2）预防措施。瓷柱式断路器或开关柜的操作应在监控后台进行，严禁在测控屏或就地操作，防止因误操作或设备问题造成人身伤害。

2. 断路器合闸之前检查不到位

（1）危险点分析。因保护更换、升级、校验或线路对侧二次有工作，操作前保护装置漏投交、直流空气开关。操作前定值区或压板投入错误。合断路器前未检查保护装置、后台有无异常信号。

（2）相关案例。某变电站线路对侧有二次检修工作，向本侧发远跳命令，本侧线路送电时，合断路器前值班员认为本侧无工作，未检查保护装置是否有远跳信号，合闸后，因跳闸信号自保持，本侧断路器跳闸。

（3）预防措施。断路器检修后应经验收合格、传动确认无误后，方可送电操作。断路器检修涉及继电保护、控制回路等二次回路时，还应由保护人员进行传动试验，确认合格后方可送电。合断路器之前检查相关保护屏上交、直流电压空气开关投入正确，定值区及压板投入正确，保护装置确无动作及异常信号。

3．断路器合闸之后检查不到位

（1）危险点分析。断路器合闸后后台及测控、保护装置、操作继电器箱检查不到位，遗漏异常信号。

（2）相关案例。某变电站 220kV 线路保护更换启动送电过程中，断路器合闸后操作人员未检查后台有无异常信号。监控电话通知后再次检查后台发现有"保护装置运行异常"信号发出，且无法复归。检查发现保护装置"异常"灯亮，故障信息显示"TA 相序错"。二次人员通过分析二次采样值及差流数值，判断出保护屏内电流互感器二次 B、C 相相序接反。经确认为施工调试人员电流互感器二次线相序接反所致。

（3）预防措施。断路器操作后的位置检查应以机械位置指示、电气指示、仪表及各种遥测、遥信等信号的变化来判断。

5.1.6.2　隔离开关操作的危险点分析

1．隔离开关操作后机械位置检查不到位

（1）危险点分析。隔离开关合闸后没有检查三相位置，以及对应的隔离开关的拐臂状态检查不到位等，运行一段时间后会导致隔离开关咬合处发热，严重的会导致拐臂脱落。

（2）预防措施。隔离开关合闸操作后应检查三相触头是否合闸到位，接触应良好；水平旋转式隔离开关检查 2 个触头是否在同一轴线上；单臂垂直伸缩式和垂直开启剪刀式隔离开关检查上、下拐臂是否均已经越过"死点"位置。

2．隔离开关操作后信号检查不到位

（1）危险点分析。隔离开关操作后，由于隔离开关的辅助触点接触不良，只是检查现场一次设备的状态，未检查二次设备及其相关信号，会导致保护的误动作。

（2）相关案例。某 220kV 变电站执行副母停役操作时，倒排后，某线路开关副母隔离开关动断辅助触点因转换不到位而没有接通，副母线隔离开关电压切换继电器保持动作状态，正、副母二次电压通过隔离开关电压切换继电器并列，拉开母联断路器后，正母电压互感器二次空气开关跳开，所有线路保护失压。

（3）预控措施。母线侧隔离开关操作后，检查母差保护模拟图及各间隔保护电压切换箱、计量切换继电器等是否变位，并进行隔离开关位置确认。热倒时注意"母差互联""切换位置继电器同时动作"信号。

5.1.6.3 接地开关和接地线操作的危险点分析

1. 不验电直接合接地开关或者挂接地线

（1）危险点分析。不验电直接合接地开关或者挂接地线，会导致带电合接地开关或者挂接地线，易引发人身伤亡、设备故障等安全事故。

（2）相关案例。某变电站进行 220kV 线路改检修倒闸操作过程中，操作人员只是判断线路侧隔离开关在分位就直接判断线路侧无电（实际线路侧带电），因此没有验电，直接合上线路侧接地开关，导致带电合接地开关的误操作事故。

（3）预控措施。设备改检修时，在合上接地开关或装设接地线前，应分别验明接地处三相确无电压。

2. 验电方法不正确

（1）危险点分析。验电时验电器未在有电部位试验，实际验电器损坏，验电不准确，间接验电时仅通过一个原理判断是否带电等，可能会导致带电合接地开关或者挂接地线严重安全事故。

（2）相关案例。某变电站在进行某 220kV 线路改检修操作，在线路侧无法直接验电的情况下，判断是否带电时仅通过线路隔离开关断开一个原理（实际 C 相带电，可通过避雷器泄漏电流指示发现），导致带电合接地开关的严重事故。

（3）预控措施。对无法进行直接验电的设备可以进行间接验电，即通过设备的机械指示位置、电气指示、带电显示装置、仪表及各种遥测、遥信等信号的变化来判断。判断时，至少应有 2 个非同样原理或非同源的指示发生对应变化，且所有这些确定的指示均已同时发生对应变化，才能确认该设备已无电。

5.1.6.4 母线操作危险点分析

1. 常规变电站双母线（分段）方式热倒开始前、结束后母线互联方式、母联断路器改为非自动，母线电压互感器二次并列操作顺序错误

（1）危险点分析。在双母线倒排操作过程中，母线互联方式、母联断路器改为非自动、母线电压互感器二次并列操作顺序易搞错搞混。

1）若先将母联断路器改非自动，再将母线互联。如果在此期间一母线发生故障，母差保护切除故障母线后，母联断路器失灵保护延时切除非故障母线，扩大故障停电范围，所以母差互联必须在母联断路器改非自动之前，提高系统稳定性。

2）若先将电压互感器二次并列，再将母联断路器改非自动。如果在此期间母联断路器突然断开，由于两母线存在电压差，电压高的母线会通过电压互感器二次回路向电压低的母线充电，电压互感器和二次回路都有可能会被损坏，所以母联断路器改非自动必须在电压互感器二次并列之前。

（2）预控措施。双母线并列运行时进行热倒操作，必须检查母联断路器及两侧隔离开关在合位，将母差保护改为（或检查）互联方式、母联断路器改为非自动，母线电压互感器二次并列。热倒操作结束后，必须将倒排母线的电压互感器二次并列开关打至分列位置、母联断路器改为自动，母差保护根据母线运行方式调整互联压板投退方式。

2. 双母线（分段）方式倒排操作后拉开母联断路器之前没有检查母联断路器电流为零

（1）危险点分析。在双母线（分段）方式倒排操作后，现场一次设备检查不到位，有漏倒现象，拉开母联断路器之前没有检查母联断路器电流为零，导致未倒排间隔失压。

（2）预控措施。某段母线停电，在倒排操作结束后拉开母联断路器前应检查母联断路器三相电流指示为零，防止漏倒。

3．双母线（分段）方式倒排操作后隔离开关位置检查不到位

（1）危险点分析。双母线倒排操作后母差保护装置隔离开关位置指示灯检查不到位，将不能判别母线的运行方式，母差保护可能误动作。线路保护装置上二次电压切换指示灯变化指示不正确或者熄灭，则线路保护失压，可能导致线路保护误动作。漏切电能表屏计量装置上二次电压切换开关造成计量装置不能正确计量。

（2）预控措施。

1）母线侧隔离开关操作后，检查母差保护模拟图上隔离开关位置指示灯的位置是否正确。

2）母线侧隔离开关操作后，检查各间隔保护电压切换箱二次电压切换指示灯变化指示是否正确。

3）母线侧隔离开关操作后，检查计量切换继电器等是否变位或者检查电能表屏计量装置上二次电压切换是否正确。

4）检查后台一次系统图与现场实际位置是否一致。

4．双母线（分段）方式 GIS 设备热倒过程未检查、抄录母联断路器电流

（1）危险点分析。部分 220kV GIS 设备无法全部看到隔离开关的三相机械位置，隔离开关分、合闸的位置不能准确地判断，有误操作的可能。

（2）相关案例。某 220kV GIS 变电站在进行 220kV 热倒操作过程中因未检查母联断路器电流，未发现副母线隔离开关 B、C 相合闸不到位，拉开正母线隔离开关时，发生 B、C 相带负荷拉隔离开关，气室放电、母差保护动作。

（3）预控措施。对于 GIS 等组合电气设备进行热倒操作，应在分、合每一把母线隔离开关前后抄录母联断路器电流，抄录母联断路器电流的步骤应填入操作票，防止隔离开关分、合闸不到位，带负荷拉隔离开关。

5.1.6.5　主变压器操作危险点分析

1．停主变压器前，未检查其余主变压器负荷情况

（1）危险点分析。主变压器停电前，应检查其余主变压器的负荷情况，防止一台主变压器停电后，造成运行中主变压器过负荷。

（2）预控措施。主变压器并列操作前必须检查分接头电压是否符合并列要求，并列运行的主变压器停用其中一台时，操作前应检查负荷分配情况，防止主变压器过载。

2．主变压器充电状态及停、送电之前，未投入中性点接地开关

（1）危险点分析。主变压器充电状态及停、送电之前未投入中性点接地开关，有可能会产生操作过电压，造成主变压器跳闸。

（2）预控措施。大电流接地系统的主变压器进行停、送电前，应先将各侧中性点接地开关合上。并列运行中的主变压器中性点接地开关如需倒换，应先合上另一台主变压器的中性点接地开关，再拉开原来一台主变压器的中性点接地开关，并相应调整主变压器中性点间隙保护。

5.2 防误操作管理

误操作是电力系统之大忌，防止误操作既是技术问题，也是管理问题。电气误操作事故是倒闸操作过程中发生的，并造成严重后果的恶性事故，对人身、电网、设备都可能造成巨大的危害。随着电力事业的发展，各方对供电可靠性的要求越来越高，因此，确保电网安全运行，防止电气设备误操作事故的发生是电力安全生产的重要环节。

5.2.1 基本概念

1．一次电气设备"五防"功能

（1）防止误分、误合断路器。

（2）防止带负荷拉、合隔离开关或进、出手车。

（3）防止带电挂（合）接地线（接地开关）。

（4）防止带接地线（接地开关）合断路器、隔离开关。

（5）防止误入带电间隔。

2．二次设备防误

（1）防止误碰、误动运行的二次设备。

（2）防止误（漏）投或停继电保护及安全自动装置。

（3）防止误整定、误设置继电保护及安全自动装置的定值。

（4）防止继电保护及安全自动装置操作顺序错误。

5.2.2 一般规定

（1）定期开展防误闭锁装置专项隐患排查，分析防误操作工作存在的问题，及时消除缺陷和隐患，确保其正常运行。

（2）防误闭锁装置应与相应主设备统一管理，做到同时设计、同时安装、同时验收投运，并制订和完善防误装置的运行、检修规程。

（3）防止电气误操作的"五防"功能除"防止误分、误合断路器"可采取提示性措施外，其余"四防"功能必须采取强制性防止电气误操作措施。

（4）强制性防止电气误操作措施是指在设备的电动操作控制回路中串联可以闭锁控制回路的接点，在设备的手动操控部件上加装受闭锁回路控制的锁具。

（5）防误系统应具有覆盖全站电气设备及各类操作的"五防"闭锁功能，且同时满足"远方"和"就地"（包括就地手动）操作防误闭锁功能。

（6）电气设备操作控制功能可按远方操作、站控层、间隔层、设备层的分层操作原则考虑。无论设备处在哪一层操作控制，都应具备防误闭锁功能。

（7）成套高压断路器设备应具有机械联锁或电气闭锁；电气设备的电动或手动操作隔离开关必须具有防止电气误操作的强制闭锁功能。

（8）严格执行操作指令。倒闸操作时，应按照操作票顺序逐项执行，严禁跳项、漏项，严禁改变操作顺序。当操作发生疑问时，应立即停止操作并向发令人报告，禁止单人滞留在操作现场。待发令人确认无误并再行许可后，方可进行操作。严禁擅自更改操作票，严禁随意解除闭锁装置。

（9）对防误装置的解锁操作可分为电气解锁、机械解锁和逻辑解锁。以任何形式部分或全部解除防误装置功能的操作，均视为解锁并应填写解锁钥匙使用记录。任何人不得随意解除闭锁装置，禁止擅自使用解锁工具（钥匙）或扩大解锁范围，造成防误装置失去闭锁功能的缺陷应按照危急缺陷管理。

（10）在操作过程中遇有设备不能操作或防误锁具打不开等情况时，必须先停止操作，然后检查操作票的执行是否有误，按照"四核对"（即核对模拟图板、核对设备名称、核对设备编号、核对设备的实际位置及状态）的要求确认被操作设备、操作步骤正确无误后，再查找、处理被操作设备的缺陷。严禁擅自解锁操作或更改操作票。

（11）当解除监控系统防误闭锁时不得联解现场设备电气闭锁；解除电气闭锁时不得联解监控系统逻辑闭锁。

5.2.3 防误装置

5.2.3.1 一般要求

（1）防误装置应满足多个设备同时操作的要求，具备多任务并行操作功能。

（2）在调控端配置防误装置时，应实现对受控站及关联站间的强制性闭锁。

（3）防误装置不得影响所配设备的操作要求，并与所配设备的操作位置相对应；防误装置使用的直流电源应与继电保护、控制回路的电源分开；交流电源应是不间断供电电源。

5.2.3.2 技术要求

1．电气闭锁

（1）断路器、隔离开关和接地开关电气闭锁回路应直接使用断路器和隔离开关、接地开关等设备的辅助触点，严禁使用重动继电器。

（2）接入电气闭锁回路中设备的辅助触点应满足可靠通断的要求，辅助开关应满足响应一次设备状态转换的要求，电气接线应满足防止电气误操作要求。

（3）组合电器、成套高压开关柜防误功能应齐全、性能良好；新投开关柜应装设具有自检功能的带电显示装置，并与接地开关及柜门实现强制闭锁；配电装置倒运电源时，间隔网门应装有带电显示装置的强制闭锁。

2．微机防误系统

（1）微机防误装置主机应具有实时对位功能，通过对受控站电气设备位置信号采集，实现防误装置主机与现场设备状态的一致性。

（2）远方操作中使用的微机防误系统遥控闭锁控制装置必须具有远方遥控开锁和就地电脑钥匙开锁的双重功能。

（3）微机防误系统应接入变电站不间断电源。

3．监控防误系统

（1）监控防误系统应具有完善的全站性防误闭锁功能，接入监控防误系统进行防误判别的断路器、隔离开关及接地开关等一次设备位置信号，宜采用动合、动断双位置触点接入。

（2）监控防误系统应实现对受控站电气设备位置信号的实时采集，确保防误装置主机与现场设备状态一致。当这些功能发生故障时应发出告警信号。

（3）监控防误系统应具有操作监护功能，允许监护人员在操作员工作站上对操作实施监护，应满足对同一设备操作权的唯一性要求。

（4）利用计算机监控系统实现防误闭锁功能时，应有符合现场实际并经运维管理单位审批的防误规则，防误规则判别依据包含断路器、隔离开关、接地开关、网门、压板、接地线及就地锁具等一、二次设备状态信息，以及电压、电流等模拟量信息。若防误规则通过拓扑生成，则应加强校核。

5.2.3.3 典型的防误装置

1．电磁锁

利用断路器、隔离开关、断路器柜门等的辅助触点，接通或断开需闭锁的隔离开关、开关柜门等电磁锁电源，使其操动机构无法动作，从而实现开关设备之间的相互闭锁。

2．机械闭锁

利用电气设备的机械联动部件对相应电气设备操作构成的回路。

3．微机防误系统

独立的微机防误系统主要是由防误主机、电脑钥匙、防误锁具、解锁钥匙等组成。对就地操作的电气设备、接地线及网门等采用编码锁实现强制闭锁功能，对遥控操作的设备采用将遥控闭锁装置的闭锁触点串接在电气回路中实现的强制闭锁功能。

4．机械程序锁

机械程序锁是一种开锁钥匙的程序，可随操作进程置换，从而达到开锁顺序控制的机械锁具，对电气设备的手动操动机构实施闭锁。

5.2.3.4　误操作防范要点

1．防误装置常见问题及防范要点

（1）常见问题：防误闭锁装置功能不正常，程序出错、逻辑关系错误、锁具或钥匙失灵等并强行解锁造成误操作。防范要点：操作中出现无法继续操作的情况，应查清原因，不得在原因不明情况下强行解锁；如确为防误装置问题，应执行相关管理规定，严禁擅自解锁；应将存在的问题纳入缺陷管理，及时进行消缺。

（2）常见问题：防误闭锁装置覆盖面不全，闭锁有漏点，没加挂机械锁等，造成误操作。防范要点：防误装置覆盖有漏点应及时消除，操作中发现时应及时采取临时闭锁，操作结束后立即进行消缺处理；定期检查防误装置是否完好。

（3）常见问题：无法验电的设备、联络线设备的电气闭锁装置不可靠，高压带电显示装置提示错误，高压带电显示闭锁装置闭锁失灵等，造成误操作。防范要点：对无法验电的设备采取间接验电；间接验电必须通过对设备状态、信号、计量等信息采取 2 种及以上的状态的改变来判别；记好相应设备的缺陷，及时进行消缺处理。

2．防误逻辑或者软件系统常见问题及防范要点

（1）常见问题：防误装置有逻辑问题，计算机监控系统功能不完善、逻辑关系错误、操作程序漏编错编等，可能造成误操作。防范要点：加强对运维人员的培训，加强验收管理，提高其验收水平；定期对防误装置闭锁逻辑进行检查，以满足现场要求。

（2）常见问题：防误装置主机发生故障时无法恢复数据或数据与实际不

符，数据无备份、信息变更时数据备份不及时等，可能造成误操作。防范要点：操作前核对信息状态是否一致，经与调度核实、现场实际查看后应立即调整；定期检查、重新备份数据，信息变更时及时备份数据。

3．常见误操作及防范要点

（1）常见问题：倒闸操作没有按照顺序逐项操作，操作前未核对双重名称，间断后恢复操作前未进行"四核对"（即核对模拟图板、核对设备名称、核对设备编号、核对设备的实际位置及状态），现场设备没有明显标识或标识错误等，易造成误操作。防范要点：加强日常巡视维护，对发现标识不明显的设备及时进行消缺处理；所有倒闸操作，均必须严格按照要求执行，并做好记录。

（2）常见问题：操作任务不明确、调度术语不标准、联系过程不规范等造成的误操作。防范要点：定期开展调度规程的学习；操作时使用统一的、确切的调度术语和操作术语，联系过程应相互通报姓名，履行复诵制度，并使用普通话。

（3）常见问题：设备检修、验收或试验过程中，误分、合隔离开关或接地开关。操作时走错间隔，造成误分、合断路器，误带电挂接地线。防范要点：检修、验收或试验工作中，需要分、合隔离开关或接地开关时，应先得到运行人员许可和监护；操作前认真执行"四核对"；验电并确认无电压后方可装设接地线或者合接地开关。

（4）常见问题：验电器选择使用不当，验电器损坏、验电器电压等级与实际不符，易造成误操作。防范要点：变电站应配齐相应电压等级且合格的验电器；定期检查、试验、发现损坏的验电器并及时更换。

（5）常见问题：开关分、合后三相位置不一致，机构卡涩、失灵等造成的误操作。防范要点：操作人、监护人应同时到现场检查开关的实际位置；检查相应的电流表、信号指示灯及后台遥信变位指示等信息，确认设备状态。

5.3 操作票管理

操作票是根据操作命令完成指定操作任务的具体依据。但有些运行人员在操作中对操作任务不明确，专业技术水平薄弱，对操作不熟练，未严格执行操作票等，常常导致误操作的发生。因此，加强操作票全流程管理，可有效减少误操作的发生。

5.3.1 一般要求

（1）调度指令、许可操作应填用操作票。

（2）一张操作票只能填写一个操作任务。一个操作任务是指根据同一个调度指令所进行的一次不间断操作。

（3）变电站倒闸操作票使用前应统一编号，且在一个年度内不得使用重复编号。

5.3.2 操作票填写要求

（1）操作票票面应清楚、整洁，不得涂改。

（2）操作票中的一个操作项目只允许填写一个设备的操作，不得将多个设备的操作并项填写。

（3）事故紧急处理，拉、合开关的单一操作，可以不用操作票，但应记入运行日志或运行记录中。

（4）下列项目应填入操作票内：

1）拉、合开关。

2）拉、合隔离开关。

3）操作手车。

4）投、退熔丝。

5）拉、合二次空气开关、小隔离开关。

6）检查一、二次设备状态。

7）设备验电。

8）装、拆接地线（拉、合接地隔离开关），检查接地线（接地隔离开关）

是否拆除（拉开）。

9）投、退保护及自动装置的电源空气开关、压板、插把、电流端子。

10）设备二次转换开关的操作。

11）保护改定值或切换定值区。

12）在进行倒负荷或解并列操作前后，检查相关电源运行及负荷分配情况。

（5）下列情况应检查相关开关负荷分配情况，并在操作票中抄录三相（没有三相的抄两相或单相）电流（或电压）。

1）双母线接线方式倒排结束，拉开母联断路器前，应抄录母联断路器三相电流指示为零，防止漏倒。

2）解环操作前、合环操作后（包括旁代、旁代恢复、母联分段解合环）应抄录相关开关的三相电流分配情况。

3）主变压器投运时主变压器各侧开关合环后（母联或分段断路器已合上），应抄录合环侧三相电流；主变压器停运解环前（母联或分段断路器已合上），应抄录另一台停运主变压器解环侧的三相电流分配情况。

4）充电操作后应抄录充电设备（包括线路、母线等）的电压情况。

5）GIS 等组合电气设备热倒操作，在合上母联断路器后，应抄录母联断路器三相电流，在每把隔离开关操作后应抄录母联断路器三相电流。

6）当抄录数值异常时（如三相电流分配不平衡或很小），应综合判断（如机械位置、保护情况等），确定设备已在相应位置时，方可继续操作。

（6）双工位隔离开关的操作票填写，在拉开隔离开关的操作时填写："拉开×（设备名）×隔离开关"，在设备改检修时只需填写："检查×（设备名）×接地隔离开关已合上"。

（7）设备检修结束后，在冷备用改热备用前，变电运维人员应检查送电范围内无遗漏接地，其中送电范围内的所有接地开关确已拉开的检查作为操作票的检查步骤应逐条列出，在送电范围检查无其他遗留接地（包括接地线、异物等其他可能存在的接地）作为操作票的检查步骤列出，具体如下（主变压器、母线、电抗器、电容器等间隔参照执行）：

1）检查×××线×××接地开关确已拉开。

2）检查×××送电范围内无其他遗留接地。

（8）操作票作废在首页备注栏内注明作废原因。调度通知作废的任务在首页的备注栏内应注明调度作废时间、通知作废的调度员姓名和受令人姓名。自第二张作废页开始可只在备注栏中注明"作废原因同上页"。

（9）如调度取消部分操作任务时，应在备注栏中注明取消时间、取消的操作任务、取消原因及调度员姓名。

（10）在操作票执行过程中因故中断操作时，应在相应页的备注栏内注明中断原因。

（11）评议为错票的操作票，在操作票最后一页的备注栏内写明原因。

5.3.3 印章使用

操作票票面统一使用的印章包括已执行、未执行、作废、合格、不合格。

调度通知作废的任务票应在操作任务栏内右下角加盖"作废"章，并在备注栏内注明调度作废时间、通知作废的调度员姓名和受令人姓名。

操作票作废应在操作任务栏内右下角加盖"作废"章，在作废操作票备注栏内注明作废原因。若作废操作票含有多页，在作废操作票首页备注栏内注明作废原因，自第二张作废页开始可只在备注栏中注明"作废原因同上页"。

每执行完一个操作步骤后，应在操作票中该项"执行"栏内画执行勾。整个操作任务完成后，在操作票最后一步下边一行顶格居左加盖"已执行"章。若最后一步正好位于操作票的最后一行，在该操作步骤右侧加盖"已执行"章。

在操作票执行过程中因故中断操作的，应在已操作完的步骤下边一行顶格加盖"已执行"章，并在备注栏内注明中断原因。若此操作票还有几页未执行，应在未执行的各页操作任务栏右下角加盖"未执行"章。

经评议票面正确，评议人在操作票备注栏内右下角加盖"合格"评议章并签名；评议为错票时，在操作票备注栏内右下角加盖"不合格"评议章并签名，同时在操作票备注栏说明原因。一份操作票超过一页时，评议章盖在最后一页。

5.3.4　评议与统计

运维人员交接班后，由下一值对上一值已执行的操作票进行评议。操作票正确性的评议包括票面和执行 2 个部分，凡不符合操作票填写、执行规定，操作票缺号、同号，降低安全标准或发生操作错误者，一经发现均应统计为错票。执行后的操作票应按值移交，每月由专人进行整理收存。

对于评议正确的操作票，评议人在操作票备注栏中盖"合格"章并签名；对于评议存在问题的操作票，评议人应报班组长或技术员审核。当确定为错票时，再加盖"不合格"章并签名，同时应在操作票备注栏说明原因。

班组长或技术员每月应对操作票汇总、统计、审核、评析。对存在的问题应在运行分析会上分析，提出整改措施。变电运维单位应按月组织审核，在封面上签署审核意见。每月经审核评议后的操作票应装订成册，保存一年。

操作票、安全措施票的装订要求：

（1）操作票分变电站、按月度装订成册，排列顺序按照票面序列号由小到大放置。安全措施票与工作票一并装订。

（2）操作票按调度正令时间、按月装订。安全措施票按工作票终结时间、按月装订。

操作票合格率的计算办法如下。

月操作票合格率＝该月已执行合格票数/该月应执行的总票数×100%

其中：该月应执行的总票数＝该月已执行合格票数＋该月已执行不合格票数。本月预发和填写的操作票应在本月发令执行，但执行时间跨月的应统计在本月；隔月发令执行的应统计在下月。操作票合格率的统计包括倒闸操作票和安全措施票。

5.3.5　电子操作票简介

通过设备运维精益管理系统填写操作票并进行审核，审核结束后直接推送至移动作业终端，生成电子操作票。操作过程中，每操作一步，数据都能实时传输至设备运维精益管理系统，监管人员在另一移动终端上可随时查看操作进度，提升现场安全管控。操作结束后，操作票及调令能自动完成设备运维精益管理系统回填流程，不需要人工进行闭环。移动作业终端的出现，简化了工作流程，实现倒闸操作无纸化的同时，优化了操作执行流程，解决了纸质版操作票存在的诸多问题。

移动作业终端具备电子签名、自动录音、操作确认等功能，变电运维人员在移动作业终端上检查电子操作票票面内容无误后可直接进行操作，摆脱了传统倒闸操作需要准备的纸质操作票、录音笔、签字笔等工具，缩短了倒闸操作前的准备时间，同时也为优质服务打下了更加坚实的基础。

利用移动作业终端操作完毕后，运维人员只需在后台轻轻一点，即可将操作票记录、调度指令记录和接地线装拆记录等上传至设备运维精益管理系统，相比纸质操作票手动做这些记录需要花 15min，而现在只需要花 1min 甚至更短的时间即可完成，大大减少了操作后做记录所花的时间。

倒闸操作票应按月进行装订审核。倒闸操作票需要整理、归档，不可避免的有时还会出错。使用电子化操作票之后，后台会自动帮我们完成这项工作，它不仅能精确的按变电站对操作票进行统计，还可按运维班组、操作人员等进行分类统计，只需在后台找到对应菜单，轻轻一点，即可查到相应数据。

第6章 工作现场安全管理

变电作业具有所需技术多、需要多工种配合交叉作业的特点。从客观上来说，其工作量十分庞大，现场工作环境较为恶劣，同时还具有很多不确定危险因素。因此控制变电作业现场危险因素及减少变电检修事故是当前电网企业安全工作的重点。

6.1 工作票管理

6.1.1 工作票使用范围

1. 变电站第一种工作票

（1）高压设备上工作需要全部停电或部分停电者。

（2）二次系统和照明等回路上的工作，需要将高压设备停电或做安全措施者。

（3）高压电力电缆需停电的工作。

（4）换流变压器、直流场设备及阀厅设备需要将高压直流系统或直流滤波器停用者。

（5）直流保护装置、通道和控制系统的工作，需要将高压直流系统停用者。

（6）换流阀冷却系统、阀厅空调系统、火灾报警系统及图像监视系统等工作，需要将高压直流系统停用者。

（7）在高压室遮栏内或与导电部分小于表1-1规定的安全距离，并需进行继电保护、安全自动装置和仪表等及其二次回路的检查试验时，需将高压设备停电者。

（8）在高压设备继电保护、安全自动装置和仪表、自动化监控系统等及其二次回路上工作时，需将高压设备停电或做安全措施者。

（9）通信系统同继电保护、安全自动装置等复用通道（包括载波、微波、光纤通道等）的检修、联动试验时，需将高压设备停电或做安全措施者。

（10）在经继电保护出口跳闸的发电机组热工保护、水车保护及其相关回路上工作时，需将高压设备停电或做安全措施者。

（11）其他工作需要将高压设备停电或做安全措施者。

2．变电站第二种工作票

（1）控制盘和低压配电盘、配电箱、电源干线上的工作。

（2）二次系统和照明等回路上的工作，无须将高压设备停电者或做安全措施者。

（3）转动中的发电机、同期调相机的励磁回路或高压电动机转子电阻回路上的工作。

（4）非运维人员用绝缘棒、核相器和电压互感器定相或用钳形电流表测量高压回路的电流。

（5）大于表1-1安全距离规定的相关场所和带电设备外壳上的工作及无可能触及带电设备导电部分的工作。

（6）高压电力电缆不需停电的工作。

（7）在换流变压器、直流场设备及阀厅设备上工作时，无须将直流单、双极或直流滤波器停用者。

（8）直流保护控制系统的工作，无须将高压直流系统停用者。

（9）换流阀水冷系统、阀厅空调系统、火灾报警系统及图像监视系统等的工作，无须将高压直流系统停用者。

（10）继电保护装置、安全自动装置、自动化监控系统在运行中改变装置原有定值时不会影响一次设备正常运行的工作。

（11）对于连接电流互感器或电压互感器二次绕组并装在屏柜上的继电

保护、安全自动装置上的工作，可以不停用所保护的高压设备或不需做安全措施者。

（12）在继电保护、安全自动装置、自动化监控系统等及其二次回路，以及在通信复用通道设备上检修及试验的工作，可以不停用高压设备或不需做安全措施者。

（13）在经继电保护出口的发电机组热工保护、水车保护及其相关回路上的工作，可以不停用高压设备或不需做安全措施者。

（14）进入运行变电站进行现场勘查的工作者。

3．变电站带电作业工作票

变电站带电作业指的是带电作业或与邻近带电设备距离小于表1-1、大于表6-1规定的工作。带电作业时人身与带电体间的安全距离如表6-1所示。

表6-1　　　　　　　　带电作业时人身与带电体间的安全距离

电压等级（kV）	10	35	66	110	220	330	500	750	1000	±400	±500	±660	±800
距离（m）	0.4	0.6	0.7	1.0	1.8 (1.6)[*]	2.6	3.4 (3.2)[**]	5.2 (5.6)[***]	6.8 (6.0)[****]	3.8[*****]	3.4	4.5[******]	6.8

注　表中数据是根据线路带电作业安全要求提出的。

[*]　220kV带电作业安全距离因受设备限制达不到1.8m时，经单位分管生产领导（总工程师）批准，并采取必要的措施后，可采用括号内1.6m的数值。

[**]　海拔500m以下，500kV取3.2m值，但不适用于500kV紧凑型线路。海拔在500～1000m时，500kV取3.4m值。

[***]　直线塔边相或中相值：5.2m为海拔1000m以下距离，5.6m为海拔2000m以下的距离。

[****]　此为单回输电线路数据，括号中数据6.0m为边相值，6.8m为中相值。表中数值不包括人体占位间隙，作业中需考虑人体占位间隙不得小于0.5m。

[*****]　±400kV数据是按海拔3000m校正的，海拔为3500m、4000m、4500m、5000m、5300m时，最小安全距离依次为：3.9m、4.1m、4.3m、4.4m、4.5m。

[******]　±660kV数据是按海拔500～1000m校正的，海拔1000～1500m、1500～2000m时的最小安全距离依次为4.7m、5.0m。

4．电力电缆第一种工作票

高压电力电缆停电的工作。

5．电力电缆第二种工作票

不需要高压电力电缆停电的工作。

6．变电站事故紧急抢修单

（1）电气设备发生故障被迫紧急停止运行，并需要在短时间内恢复的抢修和排除故障的工作。

（2）处理停、送电操作过程中的设备异常情况，可填用变电站事故紧急抢修单。

（3）事故紧急抢修工作原则上指隔离故障点应尽快恢复运行，且中间无工作间断的抢修工作。抢修工作超过 4h 的，应使用工作票。

7．变电站一级动火工作票

油区和油库围墙内的油管道及与油系统相连的设备，油箱（除此之外的部位列为二级动火区域）、变压器、电压互感器、充油电缆等注油设备、蓄电池室（铅酸）等；一旦发生火灾可能会严重危及人身、设备和电网安全，以及对消防安全有重大影响的部位的工作。

8．变电站二级动火工作票

油管道支架及支架上的其他管道，动火地点有可能火花飞溅落至易燃易爆物体附近，例如电缆沟道（竖井）内、隧道内、电缆夹层、调度室、控制室、通信机房、电子设备间、计算机房、档案室等，一旦发生火灾可能会危及人身、设备和电网安全，以及对消防安全有影响的部位的工作。

6.1.2　工作票管理规范

工作的变电站名称应填写变电站电压等级和名称。工作任务应逐项填写本次检修的工作地点及被检修设备的电压等级和双重名称。工作填写内容应明确具体，术语规范。

非本企业的施工、检修单位单独在变电站进行的工作，必须使用工作票，并履行工作许可、监护手续。工作票必须实行设备运维管理单位和施工、检修单位双签发，检修、施工单位为签发人，设备运维管理单位为会签人。工作票应由工作票签发人审核无误、手工或电子签名后方可执行。实行双签发的工作票，应经有关部门会签后方可执行。

第一种工作票所列工作地点超过 2 个、或有 2 个及以上不同的工作单位（班组）在一起工作时，可采用总工作票和分工作票。总、分工作票应由同一个工作票签发人签发。总工作票上所列的安全措施应包括所有分工作票上所列的安全措施。几个班同时进行工作时，总工作票的工作班成员栏内，只填明各分工作票的负责人姓名及有多少人；分工作票上要填写全部工作班人员姓名。

持线路或电缆工作票进入变电站或发电厂升压站进行架空线路、电缆等工作时，应增填工作票份数，经变电站或发电厂工作许可人许可，并留存。

在变电站工作票中的以下 5 项内容不得涂改：

（1）工作地点。

（2）设备双重名称。

（3）接地线装设地点、编号。

（4）计划工作时间、许可开始工作时间、工作延期时间、工作终结时间。

（5）操作动词。操作动词主要是指能够改变设备状态的动作行为。

第一种工作票应在工作前一日送达运维人员；临时工作可在工作开始前直接交给工作许可人；第二种工作票和带电作业工作票可在进行工作的当天预先交给工作许可人。

动火工作票一般至少一式 3 份，一份由工作负责人收执，一份由动火执行人收执，一份保存在安监部门（或具有消防管理职责的部门，指变电站一级动火工作票）或动火部门（指变电站二级动火工作票）。

变电站一级动火工作票由申请动火工区的动火工作票签发人签发，经工区安监负责人、消防管理负责人审核，工区分管生产的领导或技术负责人（总工程师）批准，必要时还应报当地公安消防部门批准。

变电站二级动火工作票由申请动火工区的动火工作票签发人签发，经工区安监人员、消防人员审核，工区分管生产的领导或技术负责人（总工程师）批准。

动火工作票签发人不准兼任该项工作的工作负责人。动火工作票由动火工作负责人填写。动火工作票的审批人、消防监护人不准签发动火工作票。

第一、二种工作票和带电作业工作票的有效时间，以批准的检修期为限。

在同一工作时间，一个工作负责人不能同时执行 2 张及以上工作票，工作票上所列的工作地点，以一个电气连接部分为限。

一张工作票（事故应急抢修单）上所列的检修设备应同时停、送电，开工前，一张工作票（事故应急抢修单）内的全部安全措施应一次完成（工作人员在工作中加装的工作接地线和在工作中使用的个人保安线除外）。

工作票（事故应急抢修单）应一式 2 份。办理许可手续后，工作票（事故应急抢修单）一份应保存在工作地点，由工作负责人收执，另一份由工作许可人收执，并按值移交。

在原工作票（事故应急抢修单）的停电及安全措施范围内增加工作任务时，应由工作负责人征得工作票签发人和工作许可人同意，并在工作票（事故应急抢修单）上增填工作项目。若需变更或增设安全措施者应填用新的工作票，并重新履行签发许可手续。

在同一电气连接部分的高压试验工作票发出时，应先将已发出的检修工作票收回，禁止发出第二张工作票。如果试验过程中需要检修配合，应将检修人员填写在高压试验工作票中。

对已使用的工作票，应按执行与否等情况，及时在工作票上分别盖"已执行"或"作废"印章。使用过的工作票应按月装订，装订本月内办理终结的全部工作票，工作票由班组分类装订，保存 1 年。

各班组每月应对已终结的工作票进行综合评议。经评议票面正确的，评议人在工作票"备注（2）其他事项"横线右下方顶格加盖红色"合格"评议章并签名；评议为错票的，在工作票"备注（2）其他事项"横线右下方顶格加盖红色"不合格"评议章并签名。

已执行的工作票和紧急抢修单应至少保存 1 年。

凡有以下情况之一的，均应统计为错票。

（1）票面内容不完整，例如编号、时间、签名等不全。

（2）票面时间、动词、人员签名、设备编号等填写错误或有涂改。

（3）缺项、漏字、错项、错字及字体潦草无法辨认或安全措施与工作任务不符。

（4）时间顺序不正确。

（5）已执行或作废的票面未及时盖章。

6.2　工作流程管控

6.2.1　许可流程管控

1．停电

（1）应断开停电检修设备可能来电侧断路器、隔离开关（负荷开关、熔断器），手车开关必须拉至试验或检修位置，使各方面有一个明显的断开点。若无法观察到停电设备的断开点，应有2个及以上非同样原理或非同源的，能够反映设备状态的电气、机械、遥信、遥测等指示发生变化。

（2）与停电设备有关的变压器和电压互感器，应将设备各侧断开，防止向停电检修设备反送电。

（3）应断开停电检修设备和可能来电侧的断路器、隔离开关的控制（操作）电源和合闸能源，隔离开关操作把手应锁住，确保不会误送电。

（4）对难以做到与电源完全断开的检修设备，可以拆除设备与电源之间的电气连接。

（5）应断开检修设备的远方遥控操作回路。

2．验电

（1）对于可能送电至停电设备的各方面都应装设接地线或合上接地开关（装置），所装接地线与带电部分应考虑接地线摆动时仍符合安全距离的规定。

（2）当因平行或邻近带电设备导致检修设备可能产生感应电压时，应加装工作接地线或使用个人保安线，加装的接地线应登录在工作票上，个人保安线应由工作人员自装自拆。

（3）在门形构架的线路侧进行停电检修时，若工作地点与所装接地线的距离小于10m，工作地点虽在接地线外侧，但也可不另装接地线。

（4）带接地开关的隔离开关检修，工作涉及接地开关自身检修，或者配合隔离开关调试需要拉合接地开关时，必须将接地开关视作检修设备，采用其他接地方式实现接地。

（5）检修部分若分为几个在电气上不相连接的部分（如分段母线以隔离开关或断路器隔开分成几段），则各段应分别验电接地短路。降压变电站全部停电时，应将各个可能来电侧的部分接地短路，其余部分则不必每段都装设接地线或合上接地开关（装置）。

（6）接地线、接地开关与检修设备之间不得连有断路器或熔断器。若由于设备原因，接地开关与检修设备之间连有断路器，那么在接地开关和断路器合上后，应有保证断路器不会分闸的措施。

3．悬挂标示牌和装设遮栏（围栏）

（1）在一经合闸即可送电到工作地点的断路器和隔离开关的操作把手上，均应悬挂"禁止合闸，有人工作！"的标示牌。

（2）在工作地点设置"在此工作！"的标示牌。在围栏出入口处和检修设备上悬挂"在此工作！"标示牌。

（3）在室外部分停电的高压设备上工作时，应在工作地点四周装设临时围栏，其出入口要围至临近道路旁边，并设有"从此进出！"的标示牌。工作地点四周围栏上悬挂适当数量的"止步，高压危险！"标示牌，标示牌牌面应朝向围栏里面。

（4）在室内部分停电的高压设备上工作时，应在工作地点两旁及对面运行设备间隔的围栏上和禁止通行的过道装设的临时围栏上悬挂"止步，高压危险！"的标示牌。

（5）高压开关柜内手车开关拉出后，隔离带电部位的挡板封闭后禁止开启，并设置"止步，高压危险！"的标示牌。

（6）若室外配电装置的大部分设备停电，只有个别地点保留带电设备而其他设备无触及带电导体的可能时，可以在带电设备四周装设全封闭临时围栏，并围栏上悬挂适当数量的"止步，高压危险！"标示牌，标示牌牌面应朝向围栏外面。其他停电设备不必再设临时围栏。

（7）在半高层平台上工作时，工作区域　侧与邻近带电设备通道装设封闭临时围栏，禁止检修人员通行，另一侧装设半封闭临时围栏。

（8）直流换流站单极停电工作，应在双极公共区域设备与停电区域之间设置围栏，在围栏面向停电设备及运行阀厅门口悬挂"止步，高压危险！"标示牌。在检修阀厅和直流场设备处设置"在此工作！"的标示牌。

（9）临时围栏的设置必须完整、牢固、可靠。临时围栏只能预留一个出入口，可设在临近道路旁边或方便进出的地方，出入口方向应尽量背向或远离带电设备，其大小可根据工作现场的具体情况而定，一般以 1.5m 为宜。

（10）35kV 及以下设备检修时，当因工作特殊需要或与带电设备安全距离不足，可用绝缘挡板与带电部分直接接触进行隔离，但此种挡板必须具有高度的绝缘性能，并经高压试验合格。

（11）在室外构架上工作，则应在工作地点邻近带电部分的横梁上悬挂"止步，高压危险！"的标示牌。在工作人员工作时上下的铁架或梯子上，应悬挂"从此上下！"的标示牌。在邻近其他可能误登的带电构架上，应悬挂"禁止攀登，高压危险！"的标示牌。

（12）在全部或部分带电的运行屏（柜）上工作，应将检修设备与运行设备以明显的标志隔开。

4．工作许可

（1）工作许可人在完成现场安全措施后，应会同工作负责人到现场再次检查所做的安全措施，对具体的设备指明实际的隔离措施，证明检修设备确无电压。对工作负责人指明带电设备的位置和注意事项，工作许可人和工作负责人在工作票上分别对所列安全措施逐一确认，并在"已执行"栏打"√"进行确认且双方签名后，工作班方可开始工作。

（2）变电站第一种工作票工作许可必须采用现场方式并录音。

（3）变电站第二种工作票可采取电话许可方式，但应录音，并各自做好记录。采取电话许可的工作票，工作所需安全措施可由工作人员自行布置，工作结束后应汇报工作许可人。

（4）填用电力电缆第一种工作票的工作应经调控人员的许可，填用电力电缆第二种工作票的工作可不经调控人员的许可。若进入变电站、配电站、发电厂工作，都应经运维人员许可。

（5）在变电站内连续多日的检修工作，每日收工后应清扫工作地点，开放已封闭的通道，检查所有孔洞的临时封堵措施应完好，并做好以下工作。

1）在有人值班变电站，工作负责人应将工作票交回运维人员。次日复工时，工作负责人应与工作许可人履行复工许可手续并录音，取回工作票后方可工作。

2）在无人值班变电站，工作负责人应电话告知工作许可人当日工作收工并录音，双方分别在各自所持工作票相应栏内代为签署收工时间、姓名。次日复工前，工作负责人应检查安全措施完好，与工作许可人电话联系并录音，在得到许可后，双方分别在各自所持工作票相应栏内代为签署开工时间、姓名后方可开始工作。

3）在无人值班变电站中，工作负责人对安全措施有异议的或重要的、危险性较大的工作，工作许可人应到现场办理复工、收工手续。

（6）对连续多日工作，工作负责人每日开工前应召开开工会并录音。

（7）一张工作票中，工作许可人与工作负责人不得互相兼任。在同一时间内，工作负责人、工作班成员不得重复出现在不同的执行中的工作票上。

（8）工作许可手续完成后，由工作负责人召集工作班成员进行现场工作交底。重点是向工作班成员交代工作内容、人员分工、带电部位和现场的安全措施，并告知危险点，工作班成员在工作票或交底卡上签名履行交底确认手续。现场工作交底后方可开始工作。工作中新增加的工作班成员，应由工作负责人对其补充交代现场站班会内容，并履行签名手续后方可参加工作。

6.2.2 作业流程管控

1. 作业风险分级

（1）按照设备电压等级、作业范围、作业内容对检修作业进行分类，突出人身风险，综合考虑设备重要程度、运维操作风险、作业管控难度、工艺技术难度，确定各类作业的风险等级（Ⅰ～Ⅴ级分别对应高风险、中高风险、中风险、中低风险、低风险），形成"作业风险分级表"，如表 6-2 所示。表 6-2 为 500kV 及以下电压等级作业风险分级表，用于指导作业全流程差异化管控措施的制定。

表 6-2 500kV 及以下电压等级作业风险分级表

序号	电压等级	作业范围	作业内容	分级
1	500kV	整串停电	串内设备 A/B 类检修	Ⅱ
2	500kV	单母线与出线（变压器）停电	开关间隔 A 类检修；组合电器 A 类检修	Ⅱ
3	500kV	单出线（变压器）间隔停电	组合电器 A 类检修；变压器（电抗器）A/B 类（核心部件）检修	Ⅱ
4	500kV	整电压等级全停	集中检修	Ⅲ
5	500kV	单母线停电	间隔设备 A/B/C 类检修	Ⅲ
6	500kV	单出线间隔停电	敞开式间隔设备 A/B/C 类检修；组合电器 B/C 类检修	Ⅲ
7	500kV	单变压器间隔停电	变压器各侧敞开式设备 A/B/C 类检修；变压器（电抗器）B 类（除核心部件外）检修；组合电器 B/C 类检修	Ⅲ
8	500kV	单开关停电	间隔设备 A/B 类检修	Ⅲ
9	220kV	单变压器间隔停电	变压器 A 类检修及吊罩检查	Ⅱ
10	220kV	整电压等级全（半）停	集中检修	Ⅲ
11	220kV	单母线停电与出线（变压器）间隔	母线隔离开关 A/B/C 类检修	Ⅲ
12	220kV	单出线间隔停电	间隔设备 A/B 类检修；电抗器 A/B 类检修	Ⅲ
13	220kV	单变压器间隔停电	变压器 B/C 类检修；变压器各侧设备 A/B/C 类检修	Ⅲ
14	220kV	线路—变压器组间隔停电	间隔设备（不含变压器）A/B 类检修	Ⅲ
15	220kV	单开关停电	间隔设备 A/B 类检修	Ⅲ
16	220kV	单母线停电	母线设备 A/B/C 类检修	Ⅲ
17	110kV	整电压等级全（半）停	集中检修	Ⅲ
18	110kV	双母线接线方式中单母线停电与出线（变压器）间隔	母线隔离开关 A/B 类检修	Ⅲ
19	110kV	单出线间隔停电	出线设备 A/B 类检修	Ⅲ

续表

序号	电压等级	作业范围	作业内容	分级
20	110kV	单变压器间隔停电	变压器 A/B 类检修；变压器各侧设备 A/B 类检修	Ⅲ
21	110kV	线变组间隔停电	线变组间隔设备（不含变压器）A/B 类检修	Ⅲ
22	110kV	单开关停电	间隔设备 A/B 类检修	Ⅲ
23	220kV	单出线间隔停电	C 类检修	Ⅳ
24	220kV	线路—变压器组间隔停电	C 类检修	Ⅳ
25	220kV	单开关停电	C 类检修	Ⅳ
26	110kV	双母线接线方式中单母线停电与出线（变压器）间隔	C 类检修	Ⅳ
27	110kV	单出线（变压器）间隔停电	C 类检修	Ⅳ
28	110kV	线路—变压器组间隔停电	C 类检修	Ⅳ
29	110kV	单开关停电	C 类检修	Ⅳ
30	66kV 及以下	单出线间隔停电	出线敞开式设备 A/B 类检修	Ⅳ
31	66kV 及以下	单变压器间隔停电	变压器 A/B 类检修	Ⅳ
32	66kV 及以下	整段母线全停	开关柜 A/B 类检修	Ⅳ
33	66kV 及以下	母线带电，单间隔停电	开关柜 B 类检修	Ⅳ
34	66kV 及以下	母线带电，单间隔停电	开关柜手车 C 类检修	Ⅴ
35	66kV 及以下	整段母线全停	开关柜 C 类检修	Ⅴ
36	66kV 及以下	单出线（变压器）间隔停电	C 类检修	Ⅴ
37	66kV 及以下	线路—变压器组间隔停电	C 类检修	Ⅴ

（2）各单位可根据作业环境、作业内容、气象条件等实际情况，对可能造成人身、电网、设备事故的现场作业[如上方高跨线带电的设备吊装、重要用户（含电厂）供电设备检修、涉及旁路代操作的检修、恶劣天气时的检修等]进行提级。同类作业对应的故障抢修，其风险等级应提级。

（3）变电运维室、500kV 变电运检中心须做好作业风险预警工作，按照电网风险等级的不同，分别进行分级管控。省调五级及以上电网风险，应编制对应电网风险预警标准化运维保障卡和作业安全风险预警管控单，发安监部联系人备案；市调五级及以上电网风险，可在调度风险预警系统内上传电网风险预警标准化运维保障卡，并编制作业安全风险预警管控单，发安监部联系人备案；

市调六级及以下电网风险，应编制电网风险预警标准化运维保障卡和作业安全风险预警管控单，自行留存备查。

2．现场管控

（1）标准作业。作业单位应按照检修方案编制标准作业卡，明确检修项目、细化工序流程、量化工艺要求，突出风险点及预控措施，规范人员作业行为和作业步骤。作业人员应严格持卡标准化作业，加强工序执行过程和检修试验数据的记录，确保检修范围内的设备"应修必修"。

（2）人员管理。严控现场"新人"和"外人"，针对工作2年以内的新员工（含转岗人员）、厂家技术服务人员和外部施工人员，采用差异化标识进行身份标注，差异化分派工作任务，差异化实施现场监护，确保人员行为可控、在控。合理配置工作班成员，确保人员技能水平和工作经验满足现场作业要求，做到现场必备"自己人"和"明白人"。

（3）特种车辆管理。严格执行特种车辆入场核查，强化相关人员安全技术交底。特种车辆进出变电站应由专人引导，作业间断期间应停放到指定地点，作业过程中应设专人指挥、专人监护。严禁擅自变更特种车辆作业方案，如因现场实际情况确需变更时，应停止作业，并重新履行方案编审批。

（4）风险管控措施落实。严格落实"日风险管控"机制，根据检修实施进度，按日梳理统计高、中风险工序，动态调整现场到岗到位和远程督查安排。高风险工序开工前，应再次进行专项安全、技术交底，实施过程中应设置专责监护人进行监护。Ⅰ级、Ⅱ级检修严格执行"日检修例会"和"检修日报"机制，在日报中应重点突出高风险工序及相应管控措施。

（5）运维保障。检修期间严格落实"电网运行风险预警通知单"相关运维保障措施要求，加强在运一、二次设备的特巡特护，必要时安排运维和检修人员驻站值守，并做好应急抢修准备。重点加强Ⅰ级、Ⅱ级检修作业现场安全措施的布置监护和定期检查，确保在运设备安全、稳定运行。

3．验收

（1）验收流程。检修工作全部完成后及隐蔽工程、高风险工序等关键环节阶段性完成后，作业班组应及时开展自验收，自验收合格后申请所属运维单位验收。各级设备管理部门按照作业风险分级开展验收工作监督，其中Ⅰ级、Ⅱ级检修由省公司设备部选派专业技术人员参加，Ⅲ～Ⅴ级检修由地市级单位设备管理部门选派专业技术人员参加。

（2）验收要求。Ⅰ级、Ⅱ级检修验收前，应根据规程规范要求、设备说明书、标准作业卡、检修方案等编制验收标准作业卡，验收完成后编制验收报告。验收人员应在验收报告或标准作业卡（Ⅲ～Ⅴ级验收）的"执行评价"栏中记录验收情况并签字，验收资料至少保留一个检修周期。

6.2.3 终结流程管控

现场许可的工作票，应采用现场方式办理工作终结手续。工作全部完毕后，工作班应清扫、整理现场。工作负责人应先周密地检查，待全体作业人员撤离工作地点后，再向运维人员交代维修项目、发现的问题、试验结果和存在的问题等，并与运维人员共同检查设备状况、状态，有无遗留物件，是否清洁等，然后在工作票上填明工作结束时间。经双方签名确认后，表示工作终结。

在工作负责人所持工作票的"工作终结"工作许可人签名栏右侧空白处，加盖红色"已执行"专用章。

工作终结后，运维人员应拆除临时遮栏、标示牌，恢复常设遮栏，在拉开检修设备的接地开关或拆除接地线后，在运维人员收持的工作票上填写"已拆除×号、×号接地线共×组"或"已拉开×、×接地开关共×组"，未拆除的接地线、接地开关汇报调度员后，工作票方告终结。

如几份工作票共用一组接地线或接地开关，该工作票中又没有拆除或操作记录，则应在"备注（2）其他事项"栏注明：×号、×接地线或接地开关在×工作票中继续使用，即可终结工作票。接地线或接地开关拆除后，应在该工作票"备注（2）其他事项"栏填写最终拆除时间。

工作票终结后，在工作许可人所持工作票"工作票终结"栏内，工作许可人签名时间右侧空白处加盖红色"已执行"专用章。

工作票因故作废应在"确认本工作票"栏工作票许可人签名右侧空白处加

盖红色"作废"章,在作废工作票"备注"栏内注明作废原因。

动火工作完毕后,动火执行人、消防监护人、动火工作负责人和运维许可人应检查现场有无残留火种,是否清洁等。确认无问题后,在动火工作票上填明动火工作结束时间,经四方签名后(若动火工作与运行无关,则三方签名即可),盖上"已终结"印章,动火工作方告终结。

动火工作终结后,工作负责人、动火执行人的动火工作票应交给动火工作票签发人,动火工作票签发人将其中一份交至工区。

6.3 典型工作安全措施管理

6.3.1 一次设备作业现场

规范变电一次设备作业安全措施的设置,是保证人生安全、设备安全、电网安全的基础,变电一次设备检修、改建、扩建、施工等电力生产工作的现场安全措施包括临时遮栏(围栏)与标示牌等。

6.3.1.1 临时遮栏(围栏)

1.临时遮栏(围栏)(以下简称临时围栏)种类和作用

(1)临时围栏,包括临时围栏和临时围网 2 种。临时围栏可分为固定式和非固定式临时围栏。非固定式临时围栏又可分为可伸缩型和非伸缩型 2 种。

(2)非固定式临时围栏用于检修设备的作业现场,将工作区(检修设备)与非工作区(非检修设备)进行隔离,明确工作地点,防止误入带电间隔和误碰带电设备。

(3)固定式临时围栏用于改、扩建等施工,将作业地点与运行设备进行隔离。

2.临时围栏规格

固定式临时围栏高 1.7m。

非固定式临时围栏高 1.2m。

非固定式临时围网高 1.2m。

3.临时围栏一般要求

(1)临时围栏应由绝缘材料制成。

（2）严禁使用绳上挂小方旗方式作为临时围栏。

（3）非固定式临时围栏颜色应醒目。

4．临时围栏装设要求

（1）在室外部分停电的高压设备上工作，应在工作地点四周装设临时围栏，其出入口要围至临近道路旁边。

（2）在室内部分停电的高压设备上工作，应在工作地点两旁和禁止通行的过道装设临时围栏。

（3）临时围栏与带电部分的距离不得小于表 1-1 设备不停电时安全距离的规定数值，并尽可能地远离带电部分。临时围栏范围的大小可根据现场实际情况确定。

（4）若室外配电装置的大部分设备停电，只有个别地点保留带电设备而其他设备无触及带电导体的可能时，可以在带电设备四周装设全封闭临时围栏，其他停电设备不必再设临时围栏。

（5）在半高层平台上工作，工作区域一侧与邻近带电设备通道设封闭临时围栏，禁止检修人员通行，另一侧设半封闭临时围栏。

（6）临时围栏的设置必须完整、牢固、可靠。

（7）临时围栏只能预留一个出入口，可设在临近道路旁边或方便进出的地方，出入口方向应尽量背向或远离带电设备，其范围大小可根据工作现场的具体情况确定，一般以 1.5m 为宜。

（8）35kV 及以下设备检修时，如因工作特殊需要或与带电设备安全距离不足，可用绝缘挡板与带电部分直接接触进行隔离，但此种挡板必须具有高度的绝缘性能，并经高压试验合格。

（9）工作负责人、工作许可人任何一方不得擅自移动或拆除已设置好的临时围栏。如有特殊情况需要变更临时围栏，应征得对方同意。

6.3.1.2 **标示牌**

1．标示牌种类和作用

标示牌的种类有禁止标示、警告标示、提示标示 3 种。

（1）禁止标示：禁止或制止人们想要做的某种动作的图形标示，标示上方是日底红色圆形带斜杠黑色动作图形禁止标示，下方是红底黑字矩形补充标示。

（2）警告标示：促使人们提高对可能发生危险的警惕性的图形标示，上方是黄底黑色正三角黑色图案警告标示，下方是白底黑字矩形补充标示。

（3）提示标示：标明安全设施或场所的图形标示，为绿色正方形底，中间为直径20cm白色圆形、黑色提示字样。

（4）常用标示牌有："禁止攀登，高压危险！""止步、高压危险！""禁止合闸，有人工作！""禁止合闸，线路有人工作！""禁止分闸！""在此工作！""从此上下！""从此进出！"等。

2．常用标示牌悬挂处及式样

常用标示牌悬挂处及式样见表6-3。

表6-3　　　　　　　　　　常用标示牌悬挂处及式样

名称	悬挂处	式样		
		尺寸(mm×mm)	颜色	字样
禁止合闸，有人工作！	一经合闸即可送电到施工设备的断路器和隔离开关操作把手上	200×160 和 80×65	白底，红色圆形斜杠，黑色禁止标志符号	黑字
禁止合闸，线路有人工作！	线路断路器和隔离开关把手上	200×160 和 80×65	白底，红色圆形斜杠，黑色禁止标志符号	黑字
禁止分闸！	接地开关与检修设备之间的断路器操作把手上	200×160 和 80×65	白底，红色圆形斜杠，黑色禁止标志符号	黑字
在此工作！	工作地点或检修设备上	250×250 和 80×80	衬底为绿色，中间为直径200mm和65mm白圆圈	黑字，写于白圆圈中
止步，高压危险！	施工地点邻近带电设备的遮栏上；室外工作地点的围栏上；禁止通行的过道上；高压试验地点；室外构架上；工作地点邻近带电设备的横梁上	300×240 和 200×160	白底，黑色正三角形及黑色图案警告标志符号，衬底为黄色	黑字
从此上下！	工作人员可以上下的铁架、爬梯上	250×250	衬底为绿色，中间为直径200mm白圆圈	黑字，写于白圆圈中
从此进出！	室外工作地点围栏的出入口处	250×250	衬底为绿色，中间为直径200mm白圆圈	黑体黑字，写于白圆圈中
禁止攀登，高压危险！	高压配电装置构架的爬梯上，变压器、电抗器等设备的爬梯上	500×400 和 200×160	白底，红色圆形斜杠，黑色动作图形禁止标志符号	黑字

注　在计算机显示屏上一经合闸即可送电到工作地点的断路器和隔离开关的操作处所设置的"禁止合闸，有人工作！"，"禁止合闸，线路有人工作！"和"禁止分闸"的标记可参照表6-3中有关标示牌的式样。

6.3.2 二次设备作业现场

变电二次设备作业的安全措施设置包括围栏、标示牌、红布幔等，其中需要对一次设备装设遮栏、悬挂标示牌的，须按照一次设备安全措施设置标准执行。

6.3.2.1 变电二次设备作业范围

（1）在继电保护装置（变压器、电抗器、电力电容器、母线、线路、断路器等设备的保护装置）上进行的工作。

（2）在系统安全自动装置[自动重合闸、备用设备及备用电源自动投入装置、按频率自动减负荷、故障录波器、振荡起动或预测（切负荷、切机、解列等）装置及其他保证系统稳定的自动装置等]上进行的工作。

（3）在控制屏、中央信号屏与继电保护有关的继电器和元件上进行的工作。

（4）在连接保护装置的二次回路上进行的工作。

（5）在从电流互感器、电压互感器二次侧端子开始到有关继电保护装置的二次回路（对断路器、变压器、互感器等自端子箱开始）上进行的工作。

（6）在从继电保护直流分路熔丝开始到有关保护装置的二次回路上进行的工作。

（7）在从保护装置到控制屏和中央信号屏间的直流回路上进行的工作。

（8）在继电保护装置出口端子排到断路器操作箱端子排的跳、合闸回路上进行的工作。

（9）在继电保护专用的光纤通道和高频通道设备回路上进行的工作。

（10）在变电站自动化系统（变电站内实现控制、保护、信号、测量等功能的电气二次设备，应用自动控制技术、计算机及网络通信技术，对变电站进行运行操作、信息远传和综合协调的自动化系统）上进行的工作。

（11）在站用交直流系统上进行的工作。

6.3.2.2 红布幔

红布幔的规格可分为（宽度×长度，单位：m×m）以下几种：

0.02×0.3、0.02×0.5、0.02×1.0；0.15×0.5、0.15×1.0、0.15×1.5；0.3×0.5、0.3×1.5、0.3×2.4；0.8×2.4。

红布幔应由红色、纯棉布料制成，其四边应拷边。

红布幔适用于对相邻非检修屏（柜）和屏（柜）内除检修装置以外的非检修装置、二次端子排、电流切换端子、交直流电源（隔离开关、熔丝、空气开关）、压板、按钮的遮盖或隔断。

红布幔设置方法如下：

（1）悬挂法。将红布幔直接悬挂在二次设备上。

（2）粘贴法。将红布幔用胶带粘贴在屏面或屏面设备上。

（3）吸附法。用磁铁将红布幔吸附在屏（柜）上不受磁场影响的合适地点。

（4）绑扎法。将红布幔绑扎在二次设备上。

（5）钳夹法。用塑料夹子将红布幔固定在二次设备上。

6.3.3　安全措施设置范例

6.3.3.1　一次安全措施设置范例

220kV 主变压器及三侧开关停电检修，以 1 号主变压器检修，1 号主变压器 220kV 侧 2601 断路器、110kV 侧 701 断路器、35kV 侧 301 断路器检修为例，围栏和标示牌布置要点如下。

（1）在 1 号主变压器、1 号主变压器 220kV 侧 2601 断路器、1 号主变压器 110kV 侧 701 断路器四周设置临时围栏。在 1 号主变压器 35kV 侧 301 开关柜前设置临时围栏。

（2）在围栏上悬挂适量"止步，高压危险！"标示牌，字朝向围栏内。在 1 号主变压器侧 301 开关柜内静触头隔离挡板处悬挂"止步，高压危险！"标示牌。

（3）在围栏出入口处悬挂"在此工作！""从此进出！"标示牌。

（4）在一经合闸即可送电到工作地点的开关和隔离开关的操作装置上，应悬挂"禁止合闸，有人工作！"标示牌。

（5）打开 1 号主变压器本体爬梯门，并在爬梯上悬挂"从此上下！"标示牌。

1 号主变压器本体检修，1 号主变压器 220kV 侧 2601 断路器、1 号主变压器 110kV 侧 701 断路器、1 号主变压器 35kV 侧 301 断路器检修现场围栏和标示牌设置如图 6-1 所示。

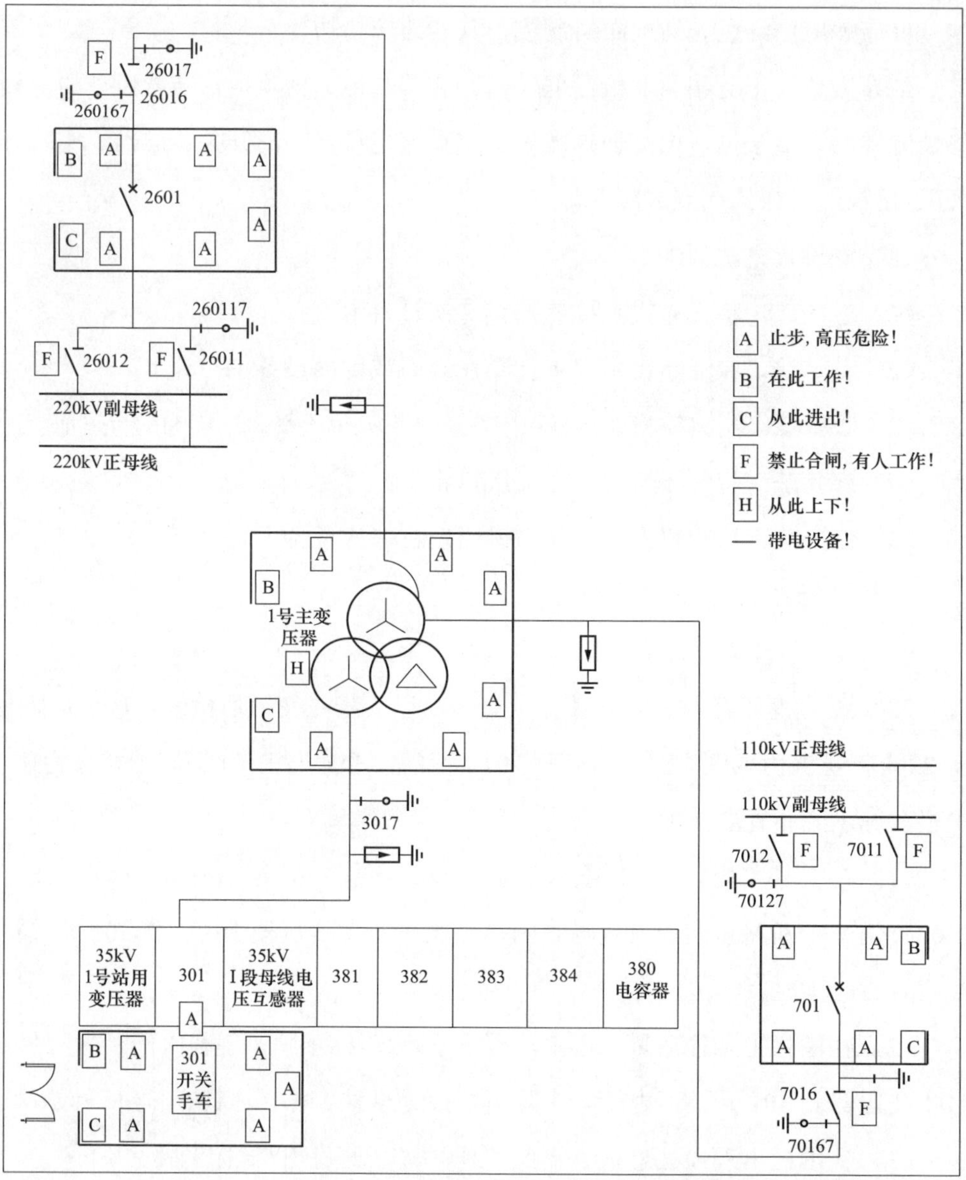

图 6-1　1 号主变压器本体检修、2601 断路器、701 断路器、

301 断路器检修现场围栏和标示牌设置

6.3.3.2　二次安全措施设置范例

以 220kV 1 号主变压器停电保护校验为例，标示牌、红布幔设置要点如图 6-2 和图 6-3 所示。

（1）在 1 号主变压器测控、保护屏前后分别悬挂"在此工作！"标示牌。

（2）在邻近 1 号主变压器测控、保护屏的非检修屏上前后分别设置红布幔，将 1 号主变压器保护屏有关联跳压板用红布幔绑扎。

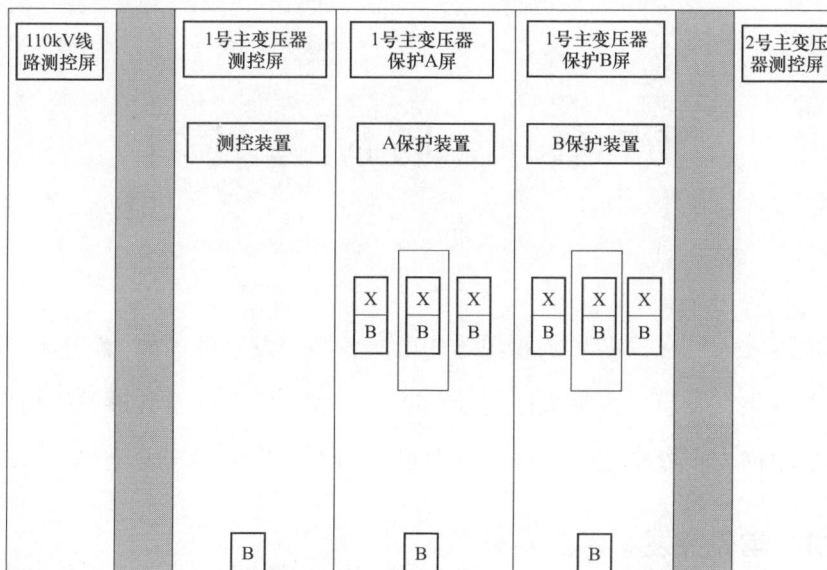

110kV线路测控屏	1号主变压器测控屏	1号主变压器保护A屏	1号主变压器保护B屏	2号主变压器测控屏
	测控装置	A保护装置	B保护装置	

图 6-2　1 号主变压器停电保护校验屏前二次安全措施设置示意图

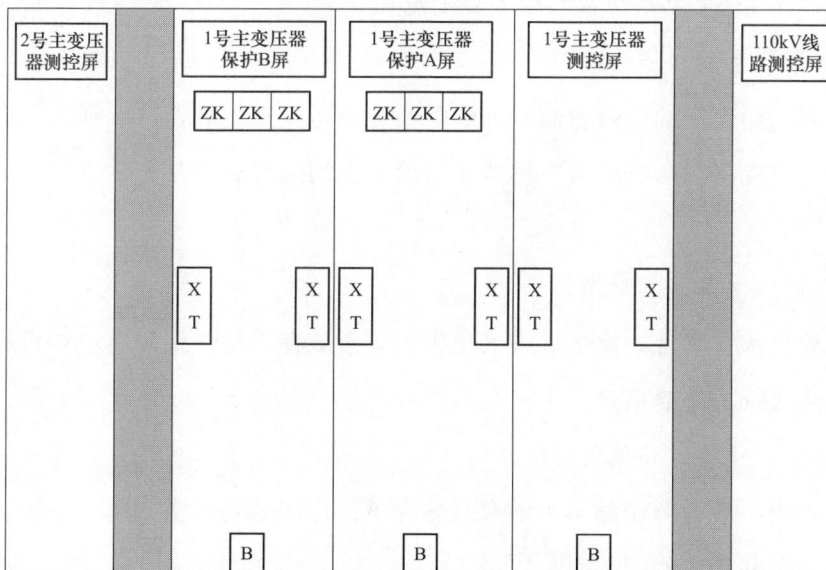

2号主变压器测控屏	1号主变压器保护B屏	1号主变压器保护A屏	1号主变压器测控屏	110kV线路测控屏
	ZK ZK ZK	ZK ZK ZK		

图 6-3　1 号主变压器停电保护校验屏后二次安全措施设置示意图

第7章 现场应急处置

变电运维人员应具备防范和应对变电站各类突发事件的能力，正确、有效、快速处置各类突发事件，最大限度地预防和减少突发事件及其造成的损失和影响，保证电网安全稳定运行，维护社会稳定和人民生命财产安全。

7.1 常见突发事件应急处置

7.1.1 消防应急处置

7.1.1.1 变电站消防应急处置基本原则

1. 预防为主，防消结合

建立应对火灾的有效机制，开展经常性的防火宣传教育，加强防火基础设施建设，定期组织防火检查，整改和消除各类消防隐患，从源头上预防火灾的发生。

2. 以人为本，减少损失

在处置火灾时，始终把保护人员生命安全放在首位，保障财产和设施的安全，把火灾损失降到最低。

3. 统一领导，分级负责

在火灾事故处置领导小组的统一领导下，尽职尽责，密切协作，协调有序地开展火灾扑救工作。

7.1.1.2 变电站消防应急处置一般流程

（1）当班运维人员在接到火情通知后，应优先通过变电站视频监控系统等手段进行远方确认。运维人员确认着火设备后由监控人员遥控断开着火设备电源，并向有关领导进行火情信息初汇报。若无法远方确认，须迅速赶至现场查看，确认火情。

（2）考虑火灾危害的严重性，调控中心应提前制订负荷转移预案，在发生火情后，确保重要用户可靠供电。事发单位火灾事故处置领导小组还应启动与政府相关部门的应急联动机制，协同开展灭火处置、人员疏散、伤亡救治等工作，将火灾的危害、社会影响降到最低。

（3）当班运维人员应携带合格齐备的正压式呼吸器及个人防护用品迅速赶赴事发现场。

（4）当班运维人员通知消防技术服务机构、物业人员等相关外协单位携带必要的器具赶往事发现场协助处置。

（5）运维人员到达现场后，应按照"火灾报警主机—查明着火点—报警及汇报相关人员—隔离操作—组织灭火"流程开展消防应急处置工作。

（6）现场确认火情后，拨打 119 火灾报警电话，并向当值调度及监控、有关领导做详细汇报。

（7）报警时应详细准确提供以下信息：

1）火灾地点：详细说明变电站地址。

2）火势情况，着火的设备类型。

3）燃烧物和大约数量、范围。

4）消防车类型及补水车等需求。

5）报警人姓名和电话号码。

6）政府综合性消防救援部门需要了解的其他情况。

（8）当班运维人员按照当值调控人员指令停电隔离着火设备及受威胁的相邻设备，必要时可先停电隔离再汇报。

（9）运维人员根据现场火情在已完成停电隔离并做好个人安全防护后，可使用消防沙、灭火器等消防器材开展初期火灾扑救，扑救时应密切关注风向及火势发展情况。

（10）根据现场火情，通知相关单位携增援装备赴现场。

（11）设立安全围栏（网），明确实施灭火行动的区域。

（12）若火势无法控制，现场负责人应组织人员撤至安全区域，防止设备爆炸、建筑倒塌等次生灾害。

（13）待政府综合性消防救援队伍到达火灾现场后，现场运维人员引导其进入现场，交代着火设备现状和运行设备状况，并协助其开展灭火工作。

（14）在政府综合性消防救援队指挥下，现场运维人员组织消防技术服务机构、物业人员设立警戒线，划定管制区，阻止无关人员进入。

（15）按照现场政府综合性消防救援队伍指挥人员的要求开启变电站室内通风装置。

7.1.1.3　变压器火灾处置

1．变压器火灾危险性

变压器内部一旦发生严重过载、短路，可燃的绝缘材料和绝缘油会受高温或电弧作用分解、膨胀以致气化，使变压器内部的压力急剧增加，造成外壳爆炸、套管破裂、大量的油外泄，使火势蔓延扩大，同时变压器绝缘材料起火后会产生有毒物质。

2．变压器火灾处置要点

（1）变压器采用排油充氮灭火方式。运维人员确定变压器发生火灾后，应立即拨打 119 火灾报警电话并汇报当值调控人员和有关领导。运维人员到达现场确认排油充氮灭火装置是否已正确动作，若未自动启动，确认变压器各侧断路器已断开后，将排油充氮灭火装置切至手动位置，检查排油充氮灭火控制屏上重瓦斯动作、探测器动作、三侧断路器动作信号灯全部点亮，报警器信号灯点亮，投入手启压板，掀开手动启动面罩，按下手动启动按钮，启动灭火装置。

（2）变压器采用水喷淋灭火方式。运维人员确定变压器发生火灾后，应立即拨打 119 火灾报警电话并汇报当值调控人员和有关领导。运维人员到达现场确认水喷淋灭火装置是否已正确动作，若未自动启动，确认变压器各侧断路器已断开后，将水喷淋装置切至手动位置，检查水喷淋控制屏上"感温电缆 1 火警""感温电缆 2 火警"同时发出，投入雨淋阀手启压板，按下雨淋阀手启按钮，灭火装置启动。若自动、手动启动均不成功，可用水泵强制启动，即在水泵监控区画面下点击"水泵强制启动"，点击对应水泵，输入操作密码并确认后水泵启动，管道水压逐渐升高，达到雨淋阀启动压力可以冲破雨淋阀隔膜，进行灭火。

（3）变压器采用细水雾灭火方式。运维人员确定变压器发生火灾后，应立即拨打 119 火灾报警电话并汇报当值调控人员和有关领导。运维人员到达现场确认细水雾灭火装置是否已正确动作，若未自动启动，确认变压器各侧断路器已断开后，将细水雾装置切至手动位置，按下其火灾报警控制器对应保护区的手动启动按钮，打开细水雾分区控制阀箱内区域控制阀，管网降压自动启动主泵，喷放细水雾灭火。

（4）运维人员应根据现场火情提前完成着火变压器停电隔离及安全措施布置工作，待政府综合性消防救援队伍到达现场后，立即与救援队伍负责人取得联系并交代着火设备现状和设备运行状况，协助政府综合性消防救援队伍灭火，必要时向调控部门申请将该变压器附近电力设备停电。

7.1.1.4 开关室火灾处置

1．开关室火灾危险性

开关柜着火主要由于开关触头发热、绝缘性能下降、柜内元器件质量不良等原因导致柜内温度过高发生火灾，易引燃相邻开关柜及连接电缆，促使火势扩展蔓延，并产生大量有毒烟尘，易造成人员中毒、窒息。

2．开关室设备火灾处置要点

开关室火情确认后，运维人员应立即汇报当值调控人员和有关领导，必要时拨打 119 火灾报警电话。进入开关室前应开启通风装置，排出室内烟雾，排出烟雾前确需进入检查设备时，应戴防毒面具。运维人员现场确认电源侧开关、有电源倒送的线路开关已断开后，按照调控中心指令开展负荷转移工作。

7.1.2 防汛应急处置

7.1.2.1 变电站防汛应急处置基本原则

1. 以人为本，减少危害

把保障人员生命财产安全作为首要任务，全面加强防汛体系建设，最大限度减少汛情对电网的破坏和给人民生命财产、社会经济带来的危害和损失。

2. 居安思危，预防为主

贯彻预防为主的思想，树立常备不懈的观念，防患于未然。增强忧患意识，坚持预防与应急并重，常态与非常态相结合，提高汛情监测预警能力和防御标准，加强宣传和培训教育，做好应对汛情的各项准备工作。

3. 统一领导，分级负责

在防汛应急处置领导小组的统一领导下，按照综合协调、分类管理、分级负责、属地为主的要求开展防汛工作。

7.1.2.2 变电站防汛应急处置要点

（1）汛期来临要特别关注地方防汛设施供电设备运行工况，加强巡视测温。

（2）汛期紧急情况下，运维班应安排人员在变电站值守，发现险情及时处理，并汇报运维部门防汛值班领导，由运维部门防汛值班领导根据情况增派应急人员，必要时通知外协防汛队伍增援应急抢险。

（3）当站内已出现积水时，值班人员立即检查站内两级排水系统是否正常运转，否则立即将水泵控制开关切至"手动"位置，启动两级强排系统。

（4）当雨量过大且站外水位较高，站外积水可能倒流到变电站时，值班人员应立即安装变电站大门围墙处的防汛挡板阻隔水流，并从防汛器材室取用自吸水膨胀袋并将其围堵在站内易积水设备室门口。

（5）当站内集水井内排水泵故障无法启动，造成集水井积水无法及时排出时，值班人员应立即从防汛器材室取用备用水泵、消防水管、移动电源盘、工具箱等防汛物资，将备用水泵放入集水井内，进行排水。

（6）如排水泵电源失去，且上级电源空气开关送不上时，应从就近的400V电源箱接临时电源至排水泵电源控制箱。若现场400V电源箱无法满足需求，应立即向运维部门申请调用 7.5kW 柴油发电机。

（7）如夜间发生汛情，值班人员应从防汛器材室取用海洋王箱式应急照明灯至现场抢险，若现场照明仍不满足工作需求，应立即向运维部门申请调用海洋王 2kW 发电照明灯。

7.1.3　SF_6 泄漏应急处置

7.1.3.1　变电站 SF_6 泄漏危险性

变电站现场 SF_6 设备压力表指示低于正常值，后台机有 SF_6 压力低告警信号，就地检查有呲气声，现场气体检测装置报警或 SF_6 断路器、SF_6 充气柜发生气包爆炸，现场人员出现不同程度的流泪、打喷嚏、流涕，鼻腔咽喉有热辣感、发音嘶哑、咳嗽、头晕、恶心、胸闷、颈部不适等症状。

7.1.3.2　变电站 SF_6 泄漏应急处置要点

（1）室内发生 SF_6 气体泄漏时，全体人员应迅速撤离现场，并立即投入全部通风设备。只有在室内彻底通风或检测室内氧气含量正常（不低于 18%），SF_6 气体分解物完全排出后，才能进入室内，必要时戴防毒面具或正压式呼吸器，穿防护服。

（2）因 SF_6 气体密度较高易沉降于地面，人员应直立，不宜低首俯身。若有疑似气体中毒者头晕跌倒，应立即将其扶起，避免停留在 SF_6 气体泄漏室内的底部区域，造成窒息。

（3）室外发生 SF_6 气体泄漏时，全体人员应迅速撤离到上风口，严禁滞留。

（4）现场人员撤离现场后应及时清洗全身，同时把用过的工器具、防护用具清洗干净。

（5）在事故发生后 15min 内，只准抢救人员进入室内。事故发生后 4h 内，任何人员进入室内必须穿防护服，戴手套，以及戴备有氧气呼吸器的防毒面具。

（6）若有人被 SF_6 气体侵袭，应立即送医院诊治。

（7）将事件发展及处置情况逐级报告。

7.2 应急处置培训与演练

7.2.1 应急处置培训

新进单位运维人员的安全教育应包括各类应急预案的有关内容，应了解生产作业场所危险点（源），学会如何避险及报警。

新上岗运维人员应熟悉各类应急预案的有关内容；在岗运维人员应定期进行有针对性的现场考问、反事故演习、技术问答、事故预想等现场培训活动，熟练掌握各类应急预案的有关内容，具有现场应急处置、自救、互助、报警和接受应急响应指挥的能力；各级领导人员应结合岗位安全职责，熟练掌握各类应急预案中有关报警、接警、处警和组织、指挥应急响应程序等内容。

所有运维人员必须熟练掌握触电现场急救方法，掌握消防器材的使用方法和初起火灾的扑灭。

各类应急预案的培训原则上每 2 年至少组织开展一次，各专项应急预案的培训每年至少组织开展一次，各现场处置方案的培训每半年至少组织开展一次。

7.2.2 应急处置演练

根据实际情况，定期组织突发事件应急预案演练，增强应急处置的实战能力。通过演练，不断增强预案的有效性和可操作性。每 2 年至少组织一次大型综合实战演练；每年至少开展一次专项预案应急演练，且 3 年内各专项预案至少演练一次；每半年至少开展一次现场处置方案应急演练，且 2 年内各现场处置方案至少演练一次。演练可采用桌面（沙盘）推演、验证性演练、实战演练等多种形式。应急演练组织单位应当对演练进行评估，并针对演练过程中发现的问题提出改进意见和建议，形成应急演练评估报告。

7.3 应急物资保障

7.3.1 消防器材配置

典型 500、220、110kV 变电站现场灭火器和黄沙配置如表 7-1～表 7-3 所示。

表 7-1　　　　　典型 500kV 变电站现场灭火器和黄沙配置表

配置位置	磷酸铵盐干粉					黄沙		灭火级别	保护面积(m²)	危险等级	备注
	2kg	3kg	4kg	5kg	50kg	桶(25L)	箱(1m³)				
一、主控通信楼											共3层
1. 控制室	—	—	—	1	—	—	—	E（A）	70	严重	三层
2. 通信机房	—	—	—	1	—	—	—	E（A）	70	严重	三层
3. 三层其他区域	—	2	—	—	—	—	—	A	200	轻	值班室、会议室、资料室
4. 控制保护设备室	—	4	—	—	—	—	—	E（A）	400	中	二层
5. 蓄电池室	—	—	2	—	—	—	—	C（A）	70	中	二层
6. 配电装置室	—	5	—	—	—	—	—	E（A）	400	中	二层
7. 一层其他区域	—	2	—	—	—	—	—	A	140	轻	备品间、工具间、门厅、走廊
二、继电器室	—	4×2	—	—	—	—	—	E（A）	4×2 40	中	4坐
三、站用电室	—	2	—	—	—	—	—	E（A）	144	中	
四、检修间	2	—	—	—	—	—	—	混合（A）	160	轻	
五、备品间	—	2	—	—	—	—	—	混合（A）	120	中	
六、消防水泵房	—	—	2	—	—	—	—	B	108	中	
七、警卫传达室	2	—	—	—	—	—	—	A	50	轻	
八、主变压器	—	—	—	—	4×2	—	4×3	—	12×120	中	12台变压器共用
九、室外配电装置	—	—	—	—	—	40	—				

表 7-2　　　　　典型 220kV 变电站现场灭火器和黄沙配置表

配置位置	磷酸铵盐干粉			黄沙		灭火级别	保护面积(m²)	危险等级	备注
	4kg	5kg	50kg	桶(25L)	箱(1m³)				
控制室	—	2	—	—	—	E（A）	150	严重	—
通信机房	3	—	—	—	—	E（A）	150	中	—
继电器室、继电保护室	3	—	—	—	—	E（A）	150	中	—

续表

配置位置	磷酸铵盐干粉			黄沙		灭火级别	保护面积（m²）	危险等级	备注
	4kg	5kg	50kg	桶（25L）	箱（1m³）				
配电装置室	5	—	—	—	—	E（A）	250	中	—
室内油浸式主变压器室	6	—	2	—	—	混合	150	中	—
室内油浸式主变压器散热器室	4	—	—	—	—	混合	100	中	—
电容器室	2	—	—	—	—	混合	100	中	—
电抗器室	2	—	—	—	—	混合	100	中	—
蓄电池室	2	—	—	—	—	C	100	中	—
站用变压器室、接地变压器室	2	—	—	—	—	混合	100	中	—
电缆 夹层	16	—	—	—	—	E	800	中	—
电缆 竖井	2	—	—	—	—	E	100	中	—
室内其他区域	2	—	—	—	—	A	100	轻	办公室、资料室、会议室、安全工具室、备品间等
室外油浸式主变压器	—	4	—	—	1	B、E	—	中	沙箱为每台主变压器数，每只沙箱配备3～5把消防铲
站内公用设施	6	—	—	15	—	—	—	—	消防黄沙应采用铅桶，每2桶配备1把消防铲、每4桶配备1把消防斧

表7-3　　　　典型110kV变电站现场灭火器和黄沙配置表

灭火器材 / 配置位置	磷酸铵盐干粉			黄沙		灭火级别	保护面积（m²）	危险等级	备注
	4kg	5kg	50kg	桶（25L）	箱（1m³）				
控制室	—	2	—	—	—	E（A）	100	严重	—
通信机房	2	—	—	—	—	E（A）	100	中	—
继电器室、继电保护室	4	—	—	—	—	E（A）	200	中	—
配电装置室	4	—	2	—	—	E（A）	100	中	—
室内油浸式主变压器室	2	—	—	—	—	混合	50	中	—
室内油浸式主变压器散热器室	2	—	—	—	—	混合	100	中	—

续表

灭火器材 \ 配置位置	磷酸铵盐干粉			黄沙		灭火级别	保护面积（m²）	危险等级	备注
	4kg	5kg	50kg	桶（25L）	箱（1m³）				
电容器室	2	—	—	—	—	混合	100	中	—
电抗器室	2	—	—	—	—	混合	100	中	—
蓄电池室	2	—	—	—	—	C	100	中	—
站用变压器室、接地变压器室	2	—	—	—	—	混合	100	中	—
电缆 夹层	10	—	—	—	—	E	500	中	—
电缆 竖井	2	—	—	—	—	E	100	中	—
室内其他区域	2	—	—	—	—	E	100	轻	办公室、资料室、会议室、安全工具室、备品间等
室外油浸式主变压器	—	—	2	—	1	B、E	—	中	沙箱为每台主变压器数，每只沙箱配备3～5把消防铲
站内公用设施	4	—	—	10	—	—	—	—	消防黄沙桶应采用铅桶，每2桶配备1把消防铲，每4桶配备1把消防斧

7.3.2 防汛物资配置

防汛装备及物资按功能用途主要分为 6 大类，分别是个人防护用品、排水物资、挡水物资、交通工具、照明工具、辅助配套物资。

个人防护用品主要包括雨靴、雨衣、防水电筒、防滑手套、连衣雨裤、救生衣、登山杖等。

排水物资主要包括大功率水泵车、柴油抽水机、便携式潜水泵及其相关配件等。

挡水物资主要包括防水挡板、吸水膨胀袋、速凝水泥、防汛沙袋、彩条布、塑料薄膜等。

交通工具主要包括水陆两栖车、冲锋舟、橡皮艇及其相关配件等。

照明工具主要包括移动照明灯塔、轻型升降泛光灯（带发电机）、全方位泛光工作灯（可移动充电式）、头灯等。

辅助配套物资主要包括柴油发电机、户外移动式配电箱、防雨篷布、电源盘、滞粘胶带（防水绝缘）、镀锌钢管、尼龙绳、镀锌铁丝、枕木（道木）、铁锤、撬棒、尖镐、手推翻斗车、圆头铁铲、方头铁铲、塑料水桶、木桩等。

班组及变电站防汛应急储备库物资配置标准分别如表 7-4、表 7-5 所示。

表 7-4　　　　　　防汛应急储备库物资配置标准（班组）

序号	物资名称	配置标准	单位	技术规范	备注
一	个人防护用品				
1	雨靴	1 双/人	双		
2	雨衣	1 件/人	件	大、中、小号（带反光条）	
3	防水电筒	1 只/人	只		
4	防滑手套	2 双/人	双		
5	登山杖	2 根/班组	根		
二	排水物资				
1	便携式潜水泵	5 台/班	台	配套相关排水管、连接配件	
2	潜水泵皮管	1 根/每泵	50m	根据长度配套连接配件	
三	挡水物资				
1	吸水膨胀袋	N＋1 原则配置	只	膨胀后宽度大于大门宽度，高度达到 1.5m，压叠方式稳固	
2	吸水膨胀袋（电缆沟用）	N＋1 原则配置	只	形状可定制，数量根据现场电缆孔洞数量和吸水膨胀袋体积测算	
3	塑料薄膜	2～3 卷/班	卷	宽度 2m、长度 100m	
四	照明工具				
1	全方位泛光工作灯（可移动充电式）	2 台/班	台	全方位泛光工作灯（可移动充电式）	
2	头灯	1 个/2 人	个	工作灯，头灯	
五	辅助配套物资				
1	电源盘	2 只/班	只	电源盘，380V/220V（带漏电保护器），50m	根据现场实际和原有工器具配置情况选配
2	滞粘胶带（防水绝缘）	10 卷/班	卷		
3	尼龙绳	100m/运维班	m	10mm	
4	镀锌铁丝	10kg/运维班	kg	10 号、12 号、14 号	
5	撬棒	4 根/运维班	根	六角 30×1200、六角 25×600	
6	十字镐	2 把/运维班	把	850mm	
7	铁锹	10 把/运维班	把	带手柄	
8	塑料水桶	10 个/运维班	只	中号	

表 7-5　　　　防汛应急储备库物资配置标准（变电站）

序号	物资名称	配置标准	单位	技术规范	备注
一	排水物资				
1	便携式潜水泵	1 台/低洼变电站	台	配套相关排水管、连接配件	
2	潜水泵皮管	1 根/每泵	50m	根据长度配套连接配件	
二	挡水物资				
1	防水挡板	低洼变电站须配置	m	高度 50cm×3m，叠装式卡槽结构，便于安装拆卸，宽度根据大门宽度定制	
2	吸水膨胀袋	根据现场实际测算	只	膨胀后宽度大于大门宽度，高度达到 1.5m，压叠方式稳固	
3	吸水膨胀袋（电缆沟用）	根据现场实际测算	只	形状可定制，数量根据现场电缆孔洞数量和吸水膨胀袋体积测算	
三	辅助配套物资				
1	电源盘	1 只/低洼变电站	只	电源盘，380V/220V（带漏电保护器），50m	根据现场实际和原有工器具配置情况选配
2	滞粘胶带（防水绝缘）	1 卷/低洼变电站	卷		
3	镀锌铁丝	4kg/低洼变电站	kg	10 号、12 号、14 号	
4	撬棒	2 根/低洼变电站	根	六角 30×1200、六角 25×600	
5	十字镐	1 把/低洼变电站	把	850mm	
6	铁铲	2 把/低洼变电站	把	带手柄	
7	塑料水桶	1 只/低洼变电站	只	中号	

第8章 故障及异常处理

变电设备运行过程中可能出现的故障及异常种类多、风险大，处理不当将对人身、电网、设备安全造成巨大影响。本章从故障及异常处理的原则、步骤、汇报要求等方面展开，列举典型案例，提出相应危险点，指导运维人员正确处理各类故障及异常。

8.1 故障及异常处理规范

8.1.1 故障及异常处理一般原则

变电站故障及异常处理，应遵守相应规程规范及安全工作规定，在值班调控人员统一指挥下处理。故障处理过程中，运维人员应主动将故障处理情况及时汇报。故障处理完毕后，运维人员应将现场故障处理结果详细汇报当值调控人员。

8.1.2 故障及异常处理基本步骤

（1）运维人员应及时到达现场进行初步检查和判断，将天气情况、监控信息及保护动作简要情况向当值调控人员做汇报。

（2）现场有工作时应通知现场人员停止工作、保护现场，查明现场工作与故障是否关联。

（3）涉及站用电源消失、系统失去中性点时，应根据当值调控人员指令倒换运行方式并投退相关继电保护。

（4）详细检查继电保护、安全自动装置动作信号、故障相别、故障测距等故障信息，复归信号，综合判断故障性质、地点和停电范围，然后检查保护范围内的设备情况。将检查结果汇报当值调控人员和上级主管部门。

（5）检查发现故障设备后，应按照当值调控人员指令将故障点隔离，将无故障设备恢复送电。

8.1.3 故障及异常处理汇报要求

无人值守变电站现场一、二次设备发生故障或异常时，当值运维人员接到监控人员电话通知后，应立即启动故障及异常处理流程，充分利用现有信息系统和视频监控手段，核实并将故障或异常情况汇报至运维部门。运维人员到达现场后，应立即对一、二次设备进行检查，并向当值调度员和运维部门汇报现场检查情况，在当值调度员的指挥下，正确快速处置事故，具体汇报要求如下。

1．第一次汇报

（1）当值运维人员接到调控中心电话通知，应立即安排调阅智能电网调度控制系统内相关变电站跳闸和故障异常信息，并将故障异常情况通知赴现场检查人员和班组长，提前做好故障异常的分析研判。

（2）当值运维人员立即赶赴现场检查，班组长将故障及异常信息汇报相关专职或部门领导，若遇紧急情况无法联系班组长，运维人员应直接通知相关专职或部门领导。

（3）对于重大故障，可参照下述模板进行汇报：

××单位汇报：×月×日×时×分，现场发现（监控通知）××站××设备跳闸，××保护动作，重合成功（不成功），故障发生时站内为××天气，正在进行××工作（操作）。

2．第二次汇报

运维人员到达变电站现场后，应立即调阅监控后台相关跳闸变位、保护动作信息、电压、潮流变化信息，现场检查断路器跳闸情况，将上述检查情况汇报当值调度员，并准备进行一、二次设备详细检查。

3．第三次汇报

（1）运维人员对相关一、二次设备现场进行详细检查，其中一次设备的外观详细检查包括所见范围内的设备外观是否正常，相关设备状态量是否正常，是否有异响异味；二次设备的动作详细检查情况包括主保护、后备保护动作情况，故障录波器是否启动，故障相位，线路故障测距等。现场详细检查情况应经运维部门确认后再向调控中心汇报，向调控中心汇报应实报现象，慎报原因。

（2）对于重大故障，可参照下述模板进行汇报：

××单位汇报：×月×日×时×分，××站××设备跳闸，××保护动作，重合成功（不成功），故障相别×相，故障电流××kA，故障测距××km，××设备发生××故障，故障设备由××厂家××××年×月生产，××××年×月投运。故障发生时站内为××天气，正在进行××工作（操作）。

4．第四次汇报

现场故障或异常处理结束后，运维人员根据调度指令进行运行方式恢复操作，操作结束后应将运行方式恢复情况汇报至相关的调控中心。运行方式恢复后，运维人员应将故障或异常处理的详细情况和运行方式恢复情况汇报至运维部门相关管理人员。

8.1.4　典型设备故障及异常处理原则

8.1.4.1　变压器常见故障及异常处理原则

变压器保护动作开关跳闸，应立即查明跳闸原因，根据保护动作情况和对变压器外部检查情况，做出是变压器内部还是外部故障的判断。

重瓦斯和差动保护（或差动速动保护）同时动作跳闸，在未查明保护动作原因和消除故障前不得强送。

如主变压器开关跳闸后主变压器保护无动作信号，则应检查母线保护及开关失灵保护的动作情况，有无母差保护动作因主变压器开关失灵而联跳主变压器开关的可能。

1．变压器本体主保护动作处理原则

（1）现场检查保护范围内一次设备，重点检查变压器有无喷油、漏油等，检查气体继电器内部有无气体积聚，检查油色谱在线监测装置数据，检查变压器本体油温、油位变化情况。

（2）确认变压器各侧断路器跳闸后，应立即停运强油风冷变压器的潜油泵。

（3）认真检查核对变压器保护动作信息，同时检查其他设备保护动作信号、一二次回路、直流电源系统和站用电系统运行情况。

（4）站用电系统全部失电应尽快恢复正常供电。

（5）按照调度指令或变电站现场运行专用规程的规定，调整变压器中性点运行方式。

（6）检查运行变压器是否过负荷，根据负荷情况投入冷却器。若变压器过负荷运行，应汇报值班调控人员转移负荷。

（7）检查备自投装置动作情况。如果备自投装置正确动作，则根据调度指令退出该备自投装置。如果备自投装置没有正确动作，检查备自投装置作用断路器具备条件时，根据调度指令退出备用电源自投装置后，立即合上备自投装置动作后所作用的断路器，恢复失电母线所带负载。

（8）检查故障发生时现场是否存在检修作业，是否存在引起保护动作的可能因素，若有检修作业应立即停止工作。

（9）综合变压器各部位检查结果和继电保护装置动作信息，分析确认故障设备，快速隔离故障设备。

（10）记录保护动作时间及一、二次设备检查结果并汇报。

（11）确认故障设备后，应提前布置检修试验工作的安全措施。

（12）确认保护范围内无故障后，应查明保护是否误动及误动原因。

2．变压器后备保护动作处理原则

（1）检查变压器后备保护动作范围内是否存在造成保护动作的故障，检查故障录波器有无短路引起的故障电流，检查是否存在越级跳闸现象。

（2）认真检查核对后备保护动作信息，同时检查其他设备保护动作信号、一二次回路、直流电源系统和站用电系统运行情况。

（3）站用电系统全部失电应尽快恢复正常供电。

（4）按照调度指令或变电站现场运行专用规程的规定，调整变压器中性点运行方式。

（5）检查运行变压器是否过负荷，根据负荷情况投入冷却器。若变压器过负荷运行，应汇报值班调控人员转移负荷。

（6）检查失电母线及各线路断路器，根据调控人员命令转移负荷。

（7）检查故障发生时现场是否存在检修作业，是否存在引起变压器后备保护动作的可能因素，若有检修作业应立即停止工作。

（8）如果发现后备保护范围内有明显故障点，应汇报值班调控人员，按照值班调控人员指令隔离故障点。

（9）确认出线断路器越级跳闸，在隔离故障点后，汇报值班调控人员，按照值班调控人员指令处理。

（10）检查站内无明显异常，应联系检修人员，查明后备保护是否误动及误动原因。

（11）记录后备保护动作时间及一、二次设备检查结果并汇报。

（12）提前布置检修试验工作的安全措施。

3．变压器轻瓦斯告警处理原则

（1）500kV 及以上设备发生本体轻瓦斯报警时，运维检修人员不得赴各区检查，应立即申请停电检查。

（2）220kV 及以下设备发生本体轻瓦斯报警时，运维部门联合调控部门做好设备紧急停运的相关准备，运维检修人员不得赴设备区检查，同时利用在线油色谱分析、高清视频及机器人等手段做好状态跟踪，一旦发现劣化趋势，或一天内连续发生 2 次轻瓦斯报警，应立即申请停电检查，停电前做好相关安全管控工作。非强迫油循环结构且未装排油注氮装置的变压器（高压并联电抗器）本体发生轻瓦斯报警，应立即申请停电检查，停电前做好相关安全管控工作。

8.1.4.2　母线常见故障及异常处理原则

1．母线故障停电处理原则

当母线故障停电后，应立即对现场停电的母线进行外部检查，尽快把检查的详细结果报告相应调度及本单位相关领导，并按下述原则处理。

（1）严禁对故障母线不经检查即强行送电，以防事故扩大。

（2）找到故障点并能迅速隔离的，在隔离故障点后应迅速对停电母线恢复送电，有条件时应考虑用外来电源对停电母线送电，联络线要防止非同期合闸。

（3）找到故障点但不能迅速隔离的，若系双母线中的一组母线故障时，应迅速对故障母线上的各元件进行检查，确认无故障后，冷倒至运行母线并恢复送电。联络线要防止非同期合闸。

（4）经过检查找不到故障点时，应用外来电源对故障母线进行试送电，禁止将故障母线的设备冷倒至运行母线恢复送电。

（5）当 GIS 设备母线发生故障时必须查明故障原因，同时将故障点进行隔离或修复后对 GIS 设备恢复送电。

2．母线失电处理原则

变电站母线失电是指母线本身无故障而失去电源，对于多电源变电站母线失电，为防止各电源突然来电引起非同期合闸，应按下述原则处理。

（1）单母线应保留一电源开关，其他所有开关（包括主变压器和馈供开关）全部拉开。

（2）双母线应首先拉开母联开关，然后在每一组母线上只保留一个主电源开关，其他所有开关（包括主变压器和馈线开关）全部拉开。

（3）如停电母线上的电源开关中仅有一台开关可以并列操作的，则该开关一般不作为保留的主电源开关。

（4）变电站母线失电后，保留的主电源开关根据省调发布的规定执行。

（5）220kV 变电站的 110kV 及以下母线失电后变电运维人员一般不进行调整操作，而是按调度要求进行方式调整。

3．小电流接地系统母线单相接地处理原则

（1）检查母线及相连设备，确定接地点，小电流接地系统发生母线单相接地，运行时间不得超过 2h。

（2）发生小电流接地系统母线单相接地故障时，在故障母线未停电或故障点未找到的情况下，运维人员不得进入设备区。

（3）高压设备发生接地时，室内人员应距离故障点 4m 以上，室外人员应距离故障点 8m 以上。进入上述范围人员应穿绝缘靴，接触设备的外壳和构架时，应戴绝缘手套。

（4）汇报值班调控人员后，按值班调控人员指令隔离接地点进行处理。

（5）如若没有发现接地点，汇报值班调控人员申请停电进行详细检查、处理。

8.1.4.3 线路常见故障及异常处理原则

线路常见短路故障可分为线路瞬时性故障，重合闸动作重合成功；线路永久性故障，重合闸动作重合不成功；线路短时重复性故障，重合成功后断路器跳闸（重合闸充电时间未满）；线路故障，重合闸未动作（含重合闸拒动、重合闸未投等）；线路故障，重合闸动作但断路器拒合等情况。以单重方式下单相故障为例，线路瞬时性故障、永久性故障及短时重复性故障的主要动作过程对比见表 8-1。

表 8-1　　　　　　　　常见线路短路故障主要动作过程对比

（以单重方式下单相故障为例）

故障类型	主要动作过程
瞬时性故障	线路故障—线路保护动作—故障相断路器跳闸—经重合闸整定时间—重合闸动作—故障相重合—重合成功
永久性故障	线路故障—线路保护动作—故障相断路器跳闸—经重合闸整定时间—重合闸动作—故障相重合—重合于故障—线路保护动作—断路器三相跳闸
短时重复性故障	线路故障—线路保护动作—故障相断路器跳闸—经重合闸整定时间—重合闸动作—故障相重合—重合成功—恢复正常运行（运行时间小于重合闸充电时间）—线路再次故障—线路保护动作—断路器三相跳闸。

注　若恢复正常运行时间大于重合闸充电时间，第二次线路保护动作后，重合闸仍会动作。

一般情况下，非充电线路故障跳闸后，变电运维人员应尽快完成现场检查，确认站内设备无异常、具备送电条件后，由值班调度员对故障线路强送一次。充电线路故障跳闸后，值班调度员宜待设备运检单位完成巡线检查并确认不影响运行后试送一次。

当遇到下列情况时，未经变电站、线路现场检查确认，不允许对故障跳闸线路进行试（强）送。

（1）全部或部分是电缆的线路。

（2）判断故障可能发生在站内。

（3）线路有带电作业，且明确故障后不得试（强）送。

（4）存在已知的线路不能送电的情况。其中包括严重自然灾害、外力破坏导致线路倒塔或导线严重损坏、人员攀爬等。

对故障跳闸线路试（强）送时优先采用远方操作方式。

全部是电缆的线路故障跳闸后，经过检查确认无异常可正常送电后，对线路试送一次。电缆与架空线混合的线路，全线经过检查确认无异常可正常送电后，对线路试送一次；经过检查发现架空线路有明显故障点且不影响运行时，也可对线路试送一次。线路强送不成，应按调度指令将线路改为检修。

8.1.4.4　断路器常见故障及异常处理原则

1．断路器控制回路断线处理原则

（1）断路器控制回路断线应先检查以下内容：

1）上一级直流电源是否消失。

2）断路器控制电源空气开关有无跳闸。

3）机构箱或汇控柜"远方或就地把手"位置是否正确。

4）弹簧储能机构储能是否正常。

5）液压、气动操动机构是否压力降低至闭锁值。

6）SF_6 气体压力是否降低至闭锁值。

7）分、合闸线圈是否断线、烧损。

8）控制回路是否存在接线松动或接触不良。

（2）若控制电源空气开关跳闸或上一级直流电源跳闸，检查无明显异常，可试送一次。无法合上或再次跳开，未查明原因前不得再次送电。

（3）若机构箱、汇控柜远方或就地把手位置在"就地"位置，应将其切至"远方"位置，检查告警信号是否复归。

（4）若断路器 SF_6 气体压力或储能操动机构压力降低至闭锁值、弹簧机构未储能、控制回路接线松动、断线或分合闸线圈烧损，无法及时处理时，汇报值班调控人员，按照值班调控人员指令隔离该断路器。

（5）若断路器为两套控制回路时，其中一套控制回路断线时，在不影响保护可靠跳闸的情况下，该断路器可以继续运行。

2．SF_6 气体压力降低处理原则

（1）检查 SF_6 密度继电器（压力表）指示是否正常，气体管路阀门是否正确开启。

（2）严寒地区检查断路器本体保温措施是否完好。

（3）若 SF_6 气体压力降至告警值，但未降至压力闭锁值，联系检修人员进行不拆卸表计校验，在保证安全的前提下进行补气，必要时对断路器本体及管路进行检漏。

（4）若运行中 SF_6 气体压力降至闭锁值以下，应立即汇报值班调控人员，断开断路器操作电源，按照值班调控人员指令隔离该断路器。

（5）检查人员应按规定使用防护用品；若需进入室内，应开启所有排风机进行强制排风 15min，并用检漏仪测量 SF_6 气体合格，用仪器检测含氧量合格；室外应从上风侧接近断路器进行检查。

8.1.4.5 互感器常见故障及异常处理原则

1．电流互感器二次回路开路处理原则

（1）检查当地监控系统告警信息，相关电流、功率指示。

（2）检查相关电流表、功率表、电能表指示有无异常。

（3）检查本体有无异常声响、振动。

（4）检查二次回路有无放电打火、开路现象，查找开路点。

（5）检查相关继电保护及自动装置有无异常，必要时申请停用有关电流保护及自动装置。

（6）二次回路开路，应申请降低负荷；如不能消除，应立即汇报值班调控人员申请停运处理。

（7）查找电流互感器二次开路点时应注意安全，应穿绝缘靴，戴绝缘手套，至少2人一起。禁止用导线缠绕的方式消除电流互感器二次回路开路。

2．电压互感器二次电压异常处理原则

（1）测量二次空气开关（二次熔断器）进线侧电压，如电压正常，检查二次空气开关及二次回路；如电压异常，检查设备本体及高压熔断器。

（2）处理过程中应注意二次电压异常对继电保护、自动装置的影响，采取相应的措施，防止误动、拒动。

（3）中性点非有效接地系统，应检查现场有无接地现象、互感器有无异常声响，并汇报值班调控人员，采取措施将其消除或隔离故障点。

（4）二次熔断器熔断或二次空气开关跳开，应试送二次空气开关（更换二次熔断器），试送不成应汇报值班调控人员申请停运处理。

（5）二次电压波动、二次电压低，应检查二次回路有无松动及设备本体有无异常，电压无法恢复时，联系检修人员处理。

（6）二次电压高、开口三角电压高，应检查设备本体有无异常，并联系检修人员处理。

8.1.4.6 电容器常见故障及异常处理原则

1．电容器故障跳闸处理原则

（1）联系调控人员停用该电容器 AVC 功能，由运维人员至现场检查。

（2）检查保护动作情况，记录保护动作信息。

（3）检查电容器有无喷油、变形、放电、损坏等现象。

（4）检查外熔断器的通断情况。

（5）集合式电容器须检查油位及压力释放阀动作情况。

（6）检查电容器内其他设备（电抗器、避雷器）有无损坏、放电等故障现象。

（7）联系检修人员抢修。

（8）由于故障电容器可能发生引线接触不良，内部断线或熔丝熔断，存在剩余电荷，在接触故障电容器前，应戴绝缘手套，用短路线将故障电容器的两极短接接地。对双星形接线电容器的中性线及多个电容器的串接线，还应单独放电。

2．电容器不平衡保护告警处理原则

（1）检查保护装置情况，是否存在误告警现象。

（2）检查外熔断器的通断情况。

（3）检查电容器有无喷油、变形、放电、损坏等故障现象。

（4）检查中性点回路内设备及电容器间引线是否损坏。

（5）现场无法判断时，应联系检修人员检查处理。

8.1.4.7　站用交直流系统常见故障及异常处理原则

1．站用交流母线全部失压处理原则

（1）检查系统失电引起站用电消失，拉开站用变压器低压侧断路器。

（2）若有外接电源的备用站用变，投入备用站用变压器，恢复站用电系统。

（3）汇报上级管理部门，申请使用发电车恢复站用电系统。

（4）检查蓄电池工作情况，短时无法恢复时，可切除非重要负荷。

2．站用交流一段母线失压处理原则

（1）检查站用变高压侧断路器有无动作，高压熔断器有无熔断。

（2）检查主变压器冷却设备、直流系统及 UPS 系统等重要负荷运行情况。

（3）检查站用变低压侧断路器确已断开，拉开故障段母线所有馈线支路低压断路器，查明故障点并将其隔离。

（4）合上失压母线上无故障馈线支路的备用电源开关（或并列开关），恢复失压母线上各馈线支路供电。

（5）无法处理故障时，应及时联系检修人员处理。

（6）若站用变压器保护动作，则按站用变压器故障处理。

3．直流失电处理原则

（1）直流部分消失，应检查直流消失设备的直流断路器是否跳闸，接触是否良好。检查无明显异常时可对跳闸断路器试送一次。

（2）直流屏直流断路器跳闸，应对该回路进行检查，在未发现明显故障现象或故障点的情况下，允许合直流断路器试送一次，试送不成功则不得再强送。

（3）直流母线失压时，首先检查该母线上蓄电池总熔断器是否熔断，充电机直流断路器是否跳闸，再重点检查直流母线上设备，找出故障点，并设法消除。更换熔丝，如再次熔断，应联系检修人员来处理。

（4）如果全站直流消失，应先检查充电机电源是否正常，蓄电池组及蓄电池总熔断器（断路器）是否正常，直流充电模块是否正常、有无异味，降压硅链是否正常。

（5）如因各馈线支路直流断路器拒动越级跳闸，造成直流母线失压，应拉开该支路直流断路器，恢复直流母线和其他直流支路的供电，然后再查找、处理故障支路故障点。

（6）如因充电机或蓄电池本身故障造成直流一段母线失压，应将故障的充电机或蓄电池退出，并确认失压直流母线无故障后，用无故障的充电机或蓄电池试送，正常后对无蓄电池运行的直流母线，合上直流母联断路器，由另一段母线供电。

（7）如果直流母线绝缘检测良好，直流馈电支路没有越级跳闸的情况，蓄电池直流断路器没有跳闸（熔丝熔断）而充电装置跳闸或失电，应检查蓄电池接线有无短路，测量蓄电池有无电压输出，断开蓄电池直流断路器。合上直流母联断路器，由另一段母线供电。

4．直流系统接地处理原则

（1）对于 220V 直流系统两极对地电压绝对值差超过 40V 或绝缘电阻降低到 25kΩ 以下，110V 直流系统两极对地电压绝对值差超过 20V 或绝缘电阻降低到 15kΩ 以下，应视为直流系统接地。

（2）直流系统接地后，运维人员应记录时间、接地极、绝缘监测装置提示的支路号和绝缘电阻等信息。用万用表测量直流母线正对地、负对地电压，与绝缘监测装置核对后，汇报调控人员。

（3）出现直流系统接地故障时应及时消除，当同一直流母线段出现两点接地时，应立即采取措施消除，避免造成继电保护、断路器误动或拒动故障。直流接地查找方法及步骤如下。

1）发生直流接地后，应分析是否天气原因或二次回路上有工作，如二次回路上有工作或有检修试验工作，应立即拉开直流试验电源查明是否为检修工作所引起。

2）比较潮湿的天气，应首先重点对端子箱和机构箱直流端子排做一次检查，对凝露的端子排用干抹布擦干或用电吹风烘干，并将驱潮加热器投入。

3）对于非控制及保护回路可使用拉路法进行直流接地查找。按事故照明、防误闭锁装置回路、户外合闸（储能）回路、户内合闸（储能）回路的顺序进行。其他回路的查找，应在检修人员到现场后，配合进行查找并处理。

4）保护及控制回路宜采用便携式仪器带电查找的方式进行，如须采用拉路法，应汇报调控人员，申请退出可能误动的保护。

5）用拉路法检查未找出直流接地回路，应联系检修人员处理。当发生交流窜入问题时，参照交流窜入直流处理。

8.1.4.8 智能设备常见故障及异常处理原则

（1）单套配置的合并单元和智能终端异常或故障时，应将对应的一次设备改为冷备用或检修，并调整母线保护（退出母线保护相应间隔 SV 接收软压板、失灵启动压板等）及其他受影响保护装置。

（2）双套配置的合并单元和智能终端单台异常或故障时，应退出采集该合并单元采样值（电压、电流）的相关保护装置。

（3）保护装置异常或故障时应申请停用相应保护装置，当无法通过退软压板停用保护时，应采用其他措施，必要时断开保护装置电源，并联系二次专业人员检查处理，但不得影响其他保护设备的正常运行。

（4）双重化配置的 2 套保护装置及其合并单元、智能终端不应交叉停运，避免保护功能失去；有逻辑回路联系的双重化配置保护装置不应交叉停运，避免失灵、重合闸等功能失去，否则，应考虑一次设备陪停。

（5）双重化配置的合并单元、智能终端、保护装置双套均发生故障时，应立即向有关调度汇报，必要时可申请将相应间隔停电，并及时通知检修人员处理。

（6）双母线接线方式保护采用线路电压互感器，母线电压互感器合并单元异常或故障时，应向调度申请对应的母差保护停用或其他措施。

（7）双母线接线方式保护双重化配置时，采用母线电压互感器，双套配置的母线电压互感器合并单元单套异常或故障时，应向调度申请对应的母差保护退出，并根据现场情况退出线路、主变压器后备功能。

（8）双母线接线方式保护单套配置时，保护采用母线电压互感器，单套配置的母线电压互感器合并单元异常或故障时，应视为所有保护装置失压处理，必要时向调度申请将受影响的一次设备陪停。

（9）按间隔配置的交换机故障，当不影响保护正常运行时（如保护采用直采直跳方式）可不停用相应保护装置；当影响保护装置正常运行时（如保护采用网络跳闸方式）视为失去对应间隔保护，应停用相应保护装置，必要时停运对应的一次设备。

（10）公用交换机异常和故障时若影响保护正确动作，应申请停用相关保护设备；当不影响保护正确动作时，可不停用保护装置。

（11）间隔交换机异常时影响本间隔（本串）保护之间的失灵、远跳和闭重功能，双重化配置的失灵、远跳、闭重功能单套异常时，应及时汇报调度；双套失灵功能失去时，应向调度申请一次设备陪停。

8.2　典型故障及异常处理案例

8.2.1　变压器故障及异常处理案例

1．情况简述

××日，××公司110kV××变电站（内桥接线）1号主变压器10kV侧管母C相绝缘故障，1号主变压器差动速断保护动作，对应110kV进线开关及1号主变压器101开关跳闸，10kV备自投正确动作，10kV母联110断路器合闸，造成110kVⅠ段母线失电，1号主变压器失电。

2．主要处理过程

（1）检查后台机相应断路器变位、后台机报文、光字牌、潮流变化等情况。检查对应 110kV 进线开关、110kV 母联 710 断路器、1 号主变压器 101 断路器、10kV 母联 110 断路器实际位置。

（2）检查站用电及直流系统是否正常。

（3）详细检查 1 号主变压器差动保护及 10kV 备自投动作情况，记录并复归信号。检查 2 号主变压器负荷正常。检查可见范围内异常情况，重点检查 1 号主变压器差动保护范围内（各侧电流互感器之间）一次设备，发现 1 号主变压器 10kV 侧管母 C 相放电痕迹。

（4）按要求汇报调度及相关领导。

（5）根据调度指令退出 10kV 备自投，将 1 号主变压器停役，恢复无故障 110kV Ⅰ 段母线送电，许可检修部门更换 1 号主变压器 10kV 侧管母。

（6）处理完毕后恢复正常运行方式，做好记录总结。

3．变压器故障及异常处理常见危险点

（1）变压器故障原因未查明即盲目试送，引起事故扩大甚至损害主变压器。

（2）变压器着火时，未根据现场实际情况灭火，威胁人身安全。

（3）一台变压器故障跳闸，未能及时处理，造成其他运行中主变压器过负荷。

（4）强油循环冷却变压器故障跳闸后未及时将因故未能自动停运的强油循环油泵手动切除，造成游离碳、金属微粒等杂质进入变压器的非故障部分。

（5）跳闸变压器经检修、试验合格后充电前未仔细检查主变压器保护有无异常动作信号，造成变压器充电后跳闸。

（6）变压器轻瓦斯告警时未按规定处理，造成人身伤害。

（7）变压器需补油或更换硅胶、吸湿器时，无法判定变压器呼吸是否正常，未按规定将重瓦斯保护改投信号，造成变压器误跳闸。

8.2.2 母线故障及异常处理案例

1．情况简述

××日，××公司 220kV××变电站（带旁路母线的双母线接线）220kV 正母线电压互感器与避雷器之间 B 相导线（避雷器侧）铜铝过渡线夹断裂，导线下落过程中对 220kV 正母线电压互感器 B 相接地排放电，220kV 正母线上母差保护动作，220kV 正母线上所有开关（4 个线路断路器、1 号主变压器 4501 断路器、旁路 4520 断路器）跳闸，对侧线路开关远跳，35kV 备自投正确动作，造成 220kV 正母线、220kV 旁路母线及 110kV 正母线失电，1 号主变压器失电。

2．主要处理过程

（1）检查后台机相应断路器变位、后台机报文、光字牌、潮流变化等情况。检查 220kV 正母线上所有断路器、1 号主变压器 301 断路器、35kV 母联 310 断路器实际位置。

（2）检查所用电及直流系统正常。

（3）详细检查 220kV 正母线母差保护及 35kV 备自投动作情况，记录并复归信号。检查 2 号主变压器负荷是否正常。检查可见范围内异常情况，重点检查 220kV 正母线一次设备，发现 220kV 正母电压互感器与避雷器之间 B 相导线（避雷器侧）铜铝过渡线夹断裂。

（4）按要求汇报调度及相关领导。

（5）根据调度指令退出 35kV 备自投，恢复 110kV 正母线送电（拉开 1 号主变压器 701 断路器，合上 110kV 母联 710 断路器），调整相关跳闸 220kV 线路运行方式并恢复送电，将 220kV 正母线电压互感器改为检修，许可检修部门检查试验 220kV 正母线电压互感器及避雷器，更换避雷器导线及线夹。

（6）处理完毕后恢复正常运行方式，做好记录总结。

3．母线故障及异常处理常见危险点

（1）多电源变电站母线失电时未按要求拉开失压母线上断路器，造成各电源突然来电引起非同期。

（2）母线故障后，未对设备进行全面检查，没有发现故障点或故障点未隔离清楚即强行送电，造成事故扩大。

（3）母线故障引起该段母线上所接变压器失压后，未密切关注其他运行变压器负荷情况，可能引起其他运行中变压器过负荷。

（4）母线电压异常时，未能正确区分判断小电流接地系统母线单相接地、电压互感器高低压侧熔丝熔断、电压互感器本体故障、系统谐振等情况，造成处理不及时或事故扩大。

（5）处理过程中未注意二次电压异常对继电保护及自动装置的影响，造成相关继电保护及自动装置误动或拒动。

8.2.3 线路故障及异常处理案例

1．情况简述

××日，××公司 220kV××变电站（双母线接线）110kV××线路保护动作，110kV××断路器跳闸，重合闸动作，重合成功，造成对侧 110kV××变电站相应主变压器高压侧后备保护动作，主变压器失电。

2．主要处理过程

（1）检查后台机相应断路器变位、后台机报文、光字牌、潮流变化等情况。检查 110kV××断路器实际位置。

（2）详细检查 110kV××线路保护动作情况（零序 I 段保护动作，故障相 A 相，故障相电流 32.66A，断路器跳闸，重合闸动作，重合成功），记录并复归信号。检查可见范围内异常情况，重点 110kV××线路保护范围内一次设备，发现 110kV××断路器电缆终端上 A 相绝缘子炸裂，绝缘子与避雷器 A 相引线脱落，绝缘子与出线侧隔离开关 A 相引线脱落（如图 8-1 所示）。

（3）按要求汇报调度及相关领导。

（4）根据调度指令将对侧 110kV××变电站相应主变压器送电，将 110kV××线路改为检修，许可检修部门修理 220kV××变电站内 110kV××线路出线侧隔离开关、避雷器、电压互感器、出线电缆等。

（5）处理完毕后恢复正常运行方式，做好记录总结。

图 8-1　220kV××变电站 110kV××线路 A 相断线

3. 线路故障及异常处理常见危险点

（1）线路故障跳闸后，未详细检查装置报文、故障录波、重合闸动作情况、现场一次设备等，故障判断错误，汇报不准确，造成处理不及时或事故扩大。

（2）全部或部分电缆的线路故障跳闸后，未经变电站、线路现场检查确认，即对故障跳闸线路进行试（强）送。

（3）线路有带电作业明确故障后不得试（强）送时，未经变电站、线路现场检查确认，即对故障跳闸线路进行试（强）送。

（4）线路断路器跳闸后，未规范记录跳闸累计次数，当断路器开断额定短路电流的次数比其允许次数少一次时未申请退出该断路器重合闸，或达到额定短路电流开断次数时未申请将断路器检修，可能引起线路断路器爆炸等事故。

（5）带合闸电阻的断路器，一定时间内多次重合闸而未申请退出该断路器重合闸的，可能导致断路器合闸电阻热容量超限进而引发爆炸。

8.2.4　开关柜故障及异常处理案例

1. 情况简述

××日 7 时 59 分，××公司 220kV××变电站（双母线接线）35kVⅡ段母线单相接地，35kV××线路（运行于 35kVⅡ段母线）瞬时速断保护动作，断路器跳闸，重合成功；8 时 4 分，该线路瞬时速断保护再次动作，断路器跳闸，重合成功；8 时 6 分，调度遥控拉开该断路器，35kVⅡ段母线单相接地未消失；8 时 11 分，2 号主变压器两套低压侧后备保护动作，2 号主变压器 302

断路器跳闸，35kVⅡ段母线失电。

2．主要处理过程

（1）检查后台机相应断路器变位、后台机报文、光字牌、潮流变化等情况。

（2）检查所用电及直流系统正常。

（3）详细检查 2 号主变压器两套低压侧后备保护动作情况，记录并复归信号。35kV 开关室有烟，做好通风措施后进入，检查断路器实际位置及 35kVⅡ段母线设备故障情况，发现 2 号站用变压器 020 开关柜上仓顶部、前后仓地面有烟尘，后仓门被轻微顶开。检查开关室内运行环境，4 台空调及 3 台除湿机运行正常，开关室内湿度 56%，湿度正常。

（4）按要求汇报调度及相关领导。

（5）根据调度指令将 35kVⅡ段母线及所有间隔改为检修，许可检修部门进行 35kVⅡ段母线所有开关柜检查、35kVⅡ段母线及断路器耐压试验、2 号站用变压器 020 开关柜内绝缘部件及损坏部件更换等工作（损坏情况如图 8-2 所示）。

（6）处理完毕后恢复正常运行方式，做好记录总结。

图 8-2　2 号站用变压器 020 断路器损坏情况

3．开关柜故障及异常处理常见危险点

（1）开关柜故障有烟时未及时开启通风装置，排出室内烟雾，或在排出烟雾前进入时，未戴防毒面具，造成人身伤害。

（2）处理开关室内 SF_6 设备泄漏故障时未戴防毒面具、穿防护服，造成人身伤害。

（3）当发现开关柜内有明显的放电声并伴有放电火花、烧焦气味等，充气式开关柜 SF_6 气体压力快速下降时，未立即申请停运或停运前未远离设备区，造成人身伤害。

（4）在开关柜面板上进行断路器分、合闸操作。

（5）中性点不接地系统发生单相接地时，接地未消失前即进入开关柜室进行检查。

（6）单相绝缘击穿的开关柜用隔离开关隔离而未采用断路器断开电源。

（7）开关柜内手车开关拉出后，隔离带电部位的挡板未封闭，造成人身触电伤害。

第 9 章　典型违章及典型误操作案例

电力行业是一个高危行业，任何时候安全生产都是我们工作的重中之重，为增强安全意识，本章列举了一些变电专业的典型违章及事故案例。

9.1　典型违章

违章是指在电力生产活动过程中，违反国家和行业安全生产法律法规、规程标准，违反国家电网公司安全生产规章制度、反事故措施、安全管理要求等，可能对人身、电网和设备构成危害并诱发事故的人的不安全行为、物的不安全状态和环境的不安全因素。

违章分为行为违章、装置违章和管理违章。

9.1.1　行为违章

行为违章是指现场作业人员在电力建设、运行、检修等生产活动过程中，违反保证安全的规程、规定、制度、反事故措施等的不安全行为。

（1）无票（包括作业票、工作票及分票、操作票、动火票等）工作、无令操作。

（2）作业人员不清楚工作任务、危险点。

（3）未经审批超出作业范围。

（4）作业点未在接地保护范围。

（5）漏挂接地线或漏合接地开关。

（6）高处作业、攀登或转移作业位置时失去保护。

（7）有限空间作业未执行"先通风、再检测、后作业"要求；未正确设置监护人；未配置或不正确使用安全防护装备、应急救援装备。

（8）在带电设备附近作业前未计算校核安全距离；作业安全距离不够且未采取有效措施。

（9）擅自开启高压开关柜门、检修小窗，擅自移动绝缘挡板。

（10）倒闸操作前不核对设备名称、编号、位置，不执行监护复诵制度或操作时漏项、跳项。

（11）倒闸操作中不按规定检查设备实际位置，不确认设备操作到位情况。

（12）防误闭锁装置功能不完善，未按要求投入运行。

（13）随意解除闭锁装置或擅自使用解锁工具（钥匙），如图 9-1 所示。

（14）票面（包括作业票、工作票及分票、动火票等）缺少工作负责人、工作班成员签字等关键内容。

（15）作业人员擅自穿、跨越安全围栏、安全警戒线。

（16）生产和施工场所未按规定配备消防器材或配备不合格的消防器材。

（17）作业现场违规存放民用爆炸物品。

（18）带负荷断、接引线。

（19）未按规定开展现场勘察或未留存勘察记录；工作票（作业票）签发人和工作负责人均未参加现场勘察。

9.1.2　装置违章

装置违章是指生产设备、设施、环境和作业使用的工器具及安全防护用品不满足规程、规定、标准、反事故措施等要求，不能可靠保证人身、电网和设备安全的不安全状态。

（1）待用间隔未纳入调度管辖范围。

（2）电力设备拆除后，带电部分未处理。

（3）变电站无安全防护措施。

（4）易燃易爆区、重点防火区内的防火设施不全或不符合规定要求。

（5）深沟、深坑四周无安全警戒线，夜间无警告红灯，如图 9-2 所示。

（6）电气设备无安全警示标志或未根据有关规程设置固定遮（围）栏。

（7）开关设备无双重名称。

（8）防误闭锁装置不全或不具备"五防"功能。

（9）机械设备转动部分无防护罩。

（10）电气设备外壳无接地。

图 9-1　擅自使用解锁工具　　　　图 9-2　深坑四周无安全警戒线

9.1.3　管理违章

管理违章是指各级领导、管理人员不履行岗位安全职责，不落实安全管理要求，不执行安全规章制度等各种不安全作为。

（1）无日计划作业或实际作业内容与日计划不符。

（2）存在重大事故隐患而不排除，冒险组织作业；存在重大事故隐患被要求停止施工、停止使用有关设备、设施、场所或者立即采取排除危险的整改措施，而未执行的。

（3）工作负责人（作业负责人、专责监护人）不在现场，或劳务分包人员担任工作负责人（作业负责人）。

（4）未及时传达学习国家、公司安全工作部署，未及时开展公司系统安全事故（事件）通报学习、安全日活动等。

（5）安全生产巡查通报的问题未组织整改或整改不到位。

（6）未按照要求开展电网风险评估，未及时发布电网风险预警、落实有效的风险管控措施。

（7）约时停、送电；带电作业约时停用或恢复重合闸。

（8）使用达到报废标准的或超出检验期的安全工器具。

（9）现场规程没有每年进行一次复查、修订并书面通知有关人员；不需修订的情况下，未由复查人、审核人、批准人签署"可以继续执行"书面文件并通知有关人员。

（10）不具备"三种人"资格的人员担任工作票签发人、工作负责人或许可人。

（11）未经批准擅自将自动灭火装置、火灾自动报警装置退出运行，如图9-3 所示。

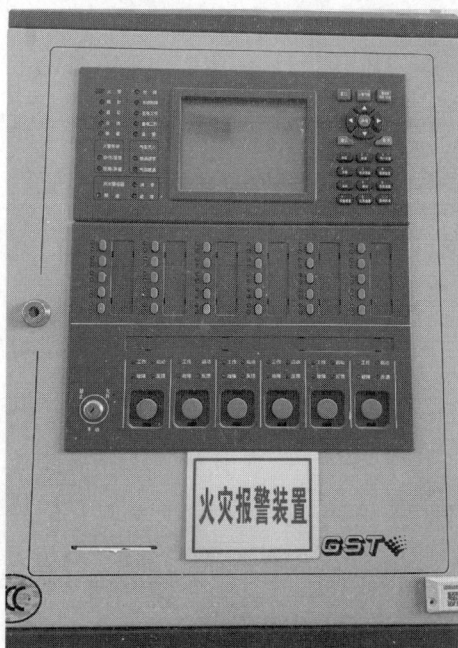

图 9-3　擅自将火灾自动报警装置退出运行

9.2　典型误操作案例

安全是生命之本，违章是事故之源。变电运维身处生产一线，需提高安全意识，筑牢思想防线，提升技能水平。然而，近几年来，违章操作屡禁不止，安全事故时有发生，多次出现擅自解锁、误入带电间隔、带负荷合接地开关等恶性事件。现列举 2 起典型误操作案例，运维人员需引以为戒，深刻吸取历次事故教训。

9.2.1 案例一

××××年××月××日，220kV××变电站在 220kVⅣ段母线恢复送电操作过程中，发生带接地开关合断路器误操作事故。

1．事故前运行方式

事故发生前，××电网独立运行。除 110kV××Ⅰ线停电检修外，电网 220kV 及 110kV 系统全接线运行。

××变压器 220kV 系统为双母线双分段接线（GIS 设备），Ⅰ、Ⅱ、Ⅲ段母线并列运行，Ⅳ段母线停电转为冷备用。220kV 墨山Ⅰ、Ⅱ线断路器及隔离开关拉开，247、248 断路器及线路转检修状态，24720、24730、24740 及 24820、24830、24840 接地开关在合位。220kV××变电站电气一次接线图如图 9-4 所示。

2．事故经过及影响

××××年××月××日，××变压器 220kVⅣ段母线停电，开展新扩建的 220kV 墨山Ⅰ、Ⅱ线间隔相关设备试验及调试工作，共执行两张第一种工作票，分别进行墨山Ⅰ、Ⅱ线间隔一次设备试验工作（××月××日 16 时开工）和 220kVⅢ或Ⅳ段母线母差保护调试工作（××月××日 12 时开工）。××月××日 14 时左右，为验证母差保护动作切除运行元件选择正确性，保护调试人员要求变电运维人员合上 220kV 墨山Ⅰ、Ⅱ线 247、248 断路器及 2472、2482 隔离开关，当值值班长张××（代理站长）同意后，会同工作负责人张××分别将墨山Ⅰ线 247 间隔、墨山Ⅱ线 248 间隔 GIS 汇控柜内操作联锁断路器由"闭锁"切换至"解除"，随后，值班长张××在后台将"五防"闭锁软压板退出，并监护见习值班员贡××、杨×分别将 247、248 断路器及 2472、2482 隔离开关解锁合上。墨山Ⅰ、Ⅱ线间隔相关设备试验及调试工作全部结束后，18 时 37 分，值班长张××在未拉开 2472、2482 隔离开关的情况下办理了 2 张工作

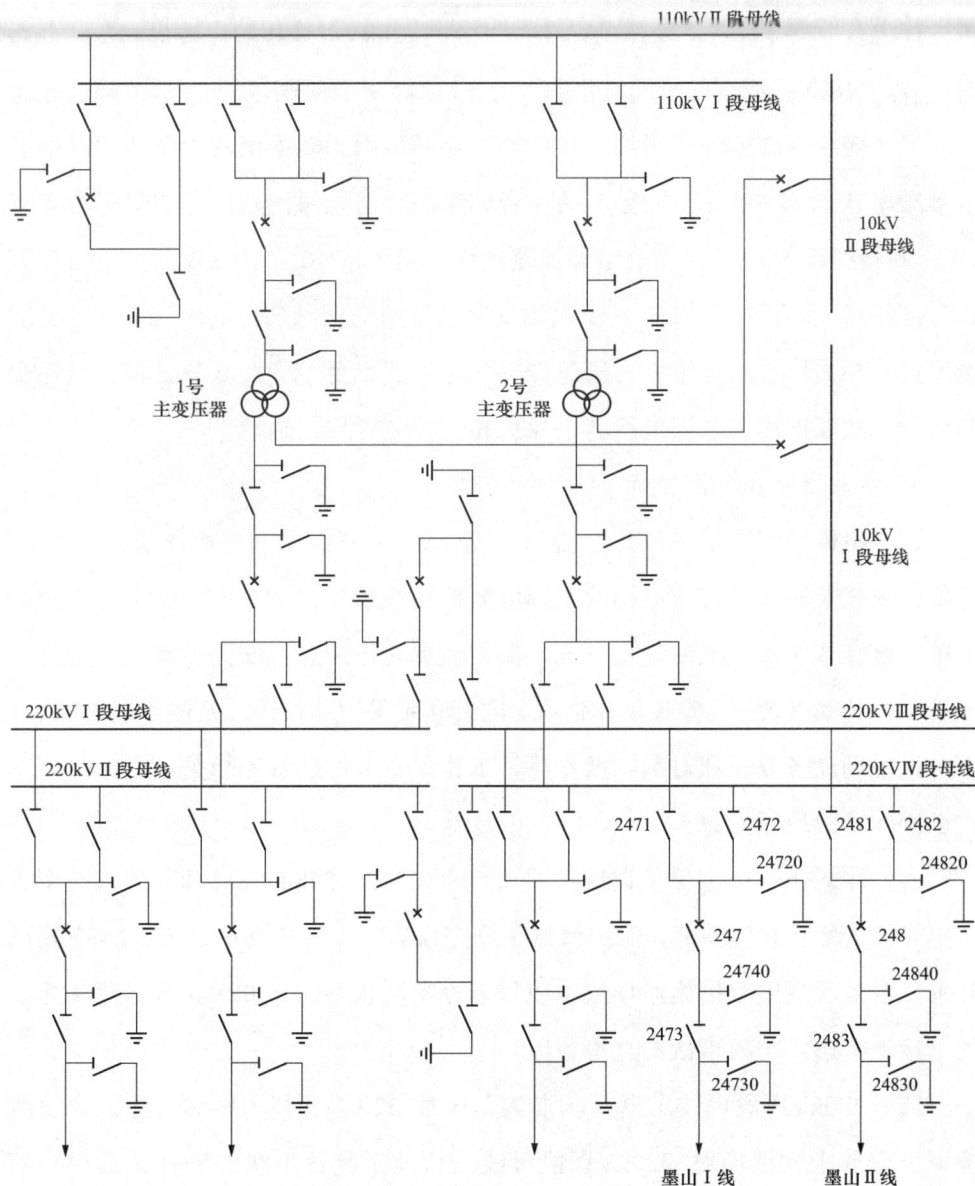

图 9-4　220kV 系统电气一次接线图

票的工作票终结手续，并将现场工作结束汇报当值调度员。在调度员和当值值班长张××核对 220kVⅣ母处于冷备用状态，得到肯定答复后，18 时 57 分，调度员下令对 220kVⅣ母进行送电操作，值班员杨×担任操作人，值班长张××担任监护人，19 时 12 分，在执行"220kVⅡ或Ⅳ段母线母联 224 断路器由热备用状态转运行状态"操作任务,操作到第 3 步"合上 220kV Ⅱ 或 Ⅳ 段母线母联 224 断路器"时,220kV Ⅲ 或 Ⅳ 段母线母差保护动作,224 开关跳闸,50ms 后故障切除。

××变压器 220kV Ⅳ 母线三相接地短路故障引起藏中电网电压瞬间跌落,电网频率升至 52.89Hz,导致 A 站 4 台机组高频切机保护动作,切除出力 4 万 kW;高频引起 B 电站 3 台机组调速器动作,出力由 10.16 万 kW 速降至 1.6 万 kW,电网频率降至 49.67Hz,B 电站安控装置启动切除负荷约 9 万 kW。当值调度员和相关厂、站运维人员迅速开展应急处置,至 19 时 36 分,损失负荷全部恢复。故障期间,××电网继电保护和安控装置均正确动作。

3．事故调查及原因分析

调查组现场查看了××变电站一、二次设备;查阅了站内操作票、工作票、调度命令记录和运行日志;调阅了调度监控系统录音记录、事件记录、安控定值单;检查核对了变电站运行方式、保护装置动作信息及安控装置动作信息,分析了保护动作情况、安控动作情况、机组高频保护动作情况及故障录波报告。

经现场勘查取证和对倒闸操作票、工作票、调度录音等相关资料分析,本次误操作事故原因如下。

(1)现场工作中因保护调试需要,合上 2472、2482 隔离开关后,改变了停电设备的运行接线方式,保护调试工作完成后,未及时拉开 2472、2482 隔离开关,恢复现场安全措施,导致本应处于冷备用状态的 220kV Ⅳ 段母线实际上处于接地状态,此为事故的直接原因。

(2)220kV Ⅳ 段母线送电前,未认真核对 220kV Ⅳ 段母线运行方式,没有按调度令要求到现场对 220kV Ⅳ 段母线是否处于冷备用状态进行认真检查核对,这是事故发生的重要原因。

(3)现场工作中操作人员随意使用 GIS 联锁断路器操作钥匙,随意突破五防机"五防"联锁关系,防误闭锁管理不严,"五防"装置形同虚设,这是事故发生的又一重要原因。

(4)当天母差保护调试工作需要合上 2472、2482 隔离开关,而一次设备试验工作中,24720、24820 接地开关在合位,同一时间内的两项工作任务所要求的安全措施冲突，操作 2472、2482 隔离开关必然需要解锁，为后续 220kV Ⅳ 段母线恢复送电埋下了安全隐患。

4．暴露的问题

（1）"两票三制"执行不到位。现场工作中，运维人员应检修人员要求变更检修设备运行接线方式，但变更情况未按要求记录在值班日志内，工作结束后未及时恢复现场安全措施；现场工作完成后，在未将相关设备恢复到开工前状态的情况下，运维人员和检修人员就办理了工作终结手续；设备送电前，未按调度指令要求对设备运行方式进行全面检查，既暴露出现场人员安全意识淡薄，存在习惯性违章行为，也反映出变电运维管理不到位，规章制度执行不严格，监督检查流于形式。

（2）防误操作管理不严格。站内 GIS 联锁断路器操作钥匙未封存管理，"五防"机"五防"闭锁软压板操作密码由变电运维站站长掌握，站长即有权批准同意解除现场防误装置闭锁，防误操作管理存在漏洞，不符合规定。现场工作过程中，运维人员和检修人员分别解除了 247、248 间隔 GIS 汇控柜内操作联锁断路器，值班长监护见习值班员实施解锁操作，解锁操作随意，未按要求严格履行批准签字、使用登记等必需的手续。

（3）现场工作组织管理不力。对一个电气连接部分进行的多专业、多班组工作组织管理不到位，未能针对多专业并行交叉工作提前开展安全风险分析，制定落实风险管控措施。现场工作缺乏统一的组织协调，在一次设备试验工作未终结、开关转检修状态的安全措施未拆除时，又继续开始母差保护调试工作，两项工作所要求的安全措施冲突。新设备试验调试工作方案编制不周密，审核及现场把关不严。

9.2.2 案例二

×××年××月××日，220kV××变电站进行吉沙线停电操作过程中，发生 110kV 母线带电挂接地线误操作事故。

1．事故经过

按检修计划，××月××日 8 时 00 分～20 时 00 分，××变电站吉沙线

13113 间隔停电，进行更换电流互感器工作。9 时 56 分吉沙线 13113 断路器由运行转冷备用完毕，10 时 19 分操作人陈××、监护人王×开始进行吉沙线 13113 断路器由冷备用转检修操作。10 时 36 分 110kV 母差保护动作。同时，110kV Ⅰ段母线所带元件：共铸线 13111 断路器、吉连二回线 13112 断路器、吉炼线 13114 断路器、吉橡线 13116 断路器、银牵二回线 13118 断路器、1 号主变压器中压侧 13101 断路器、3 号主变压器中压侧 13103 断路器、110kV 母联 13100 断路器分闸，110kV Ⅰ段母线失压。

2．事故原因及扩大原因

操作人陈××、监护人王×在进行吉沙线 13113-1 隔离开关的断路器侧悬挂接地线操作时，监护人王×低头去协助操作人拿接地线，而操作人陈××在没有核对接地线应装设的位置，同时又在失去监护的情况下，将 6 号接地线挂向 13113-1 隔离开关母线侧 B 相引流处，引起 110kV Ⅰ段母线对地放电，造成 110kV 母差保护动作。此次事故造成 110kV Ⅰ段母线失压 12min，Ⅰ段母线所代的 5 回出线中止供电。其中 2 回出线没有负荷损失（吉炼线 13114 断路器为瞬间停电，用户侧 110kV 备自投动作后炼油变电站恢复供电；吉连二回线 13112 断路器负荷由 13122 断路器吉连一回线供电），银牵二回线 13118 断路器中止供电 13min、共铸线 13111 断路器中止供电 15min、吉橡线 13116 断路器中止供电 15min。共计损失负荷 47.75MW，少送电量 0.95 万 kWh。

3．事故处理情况

事故发生后，现场检查 13113-1 隔离开关母线侧 B 相引流线有放电痕迹，但不影响设备运行，其他设备无异常。10 时 41 分地调调度员向中调申请用 1 号主变压器 13101 断路器向 110kV Ⅰ段母线充电，10 时 48 分 110kV Ⅰ段母线恢复送电。10 时 51 分 13118 断路器银牵二线、13111 断路器共铸线、13112 断路器吉连二线、13114 断路器吉炼线、13116 断路器吉橡线依次恢复送电。10 时 52 分 110kV Ⅰ段母线恢复正常运行。

4．暴露问题

（1）操作人在操作过程中违反操作规程，没有认真核对接地线应装设的位置，在失去监护的情况下错误操作，引起母线短路，违反电力安全工作规程及 ××电力公司工作票操作票管理规定。

（2）监护人未履行监护职责，在负责监护中做了与监护职责无关的事情，导致操作人进行了没有监护的倒闸操作，不仅违反了××电力公司工作票操作票管理规定，也违反××电力公司生产现场"十不准"第 4 条。

（3）在此次操作中，用接地线代替接地开关的方式存在着安全管理隐患，特别是在操作中接地线随意放置，没有规范要求。

（4）值班长对本次操作任务不重视，麻痹大意，人员组织安排不当，操作前未能针对此次操作进行现场危险源辨识。

（5）站长、技术员对本次操作任务不重视，在更换操作班次后，没有对其再次进行技术交底和现场危险源辨识，也没有履行第二监护人职责，没有安排其他第二监护人到现场。

（6）变电运行工区生技股长不履行安全管理及监督职责，不在操作现场进行监护。

（7）变电运行工区管理人员对本次春检工作没有认真组织落实，没有安排专人到现场进行监督。

5．防止对策

（1）变电运行工区要对职工开展倒闸操作技术规范的培训，制定倒闸操作行为规范。

（2）变电运行工区制定规范的倒闸操作术语、防误操作行为规范、接地线使用管理规范。

（3）变电运行工区对各变电站（队）执行规定和规范的情况加强监督检查，加强倒闸操作的现场管理。倒闸操作要增派第二监护人，并实行第二监护人签名制。

（4）当值运行人员在事故处理中，要认真核对设备状态，清理现场人员，保护好事故现场。

（5）生技部在春检期间，对多单位、多班组的检修、传动、预试工作要安排专人负责，并统一管理作业现场工作全过程。

（6）生技部要组织各单位重新审定现场作业指导书，符合现场实际工作需要。

（7）安监部对全局防误闭锁装置应再次进行排查，针对锁具、接地桩安装不完整、安装位置不合适的，要组织进行改造；监督检查操作现场防误操作管理制度及规范的落实情况，规范接地锁的安装与使用。

附录 A　安全工器具的配置标准

安全工器具的配置标准见表 A1～表 A5。

表 A1　　　　　　　　　　500kV 少人值班变电站安全工器具的配置

序号	工器具名称	单位	500kV 常规设备变电站				500kV 紧凑型设备变电站			
			500kV	220kV	35（15.75）kV	400V	500kV	220kV	35kV	400V
1	绝缘操作杆	套	—	1	1	—	—	1	1	—
2	验电器	支	1	1	1	2	1	1	1	2
3	接地线	组	2	4	3	2	1	2	3	2
4	绝缘手套	副	2				2			
5	绝缘靴	双	2				2			
6	正压式呼吸器（有户内 SF$_6$ 设备可考虑）	套	1				1			
7	绝缘梯	架	2（人字梯、平梯各1）				2（人字梯、平梯各1）			
8	伸缩或非伸缩型遮栏	m	30				20			
9	临时围网	m	60				50			
10	禁止合闸，有人工作！	块	30				20			
11	禁止合闸，线路有人工作！	块	20				15			
12	禁止分闸！	块	10				10			
13	在此工作！	块	10				10			
14	止步，高压危险！	块	20				15			
15	从此上下！	块	10				10			
16	从此进出！	块	10				10			
17	禁止攀登，高压危险！	块	20				20			

表 A2　　　　　　　　220kV 无人值守变电站安全工器具的配置

序号	工器具名称	单位	220kV 常规设备变电站					220kV 紧凑型设备变电站				
			220kV	110kV	35kV	10kV	400V	220kV	110kV	35kV	10kV	400V
1	绝缘操作杆	套	1	1	—	—	—	1	1	—	—	—
2	验电器	支	1	1	1	1	2	1	1	1	1	2
3	接地线	组	3	4	4	3	2	2	3	3	2	2
4	绝缘手套	副	2					2				
5	绝缘靴	双	2					2				
6	绝缘梯	架	2（人字梯、平梯各 1）					2（人字梯、平梯各 1）				
7	伸缩或非伸缩型遮栏	m	20					15				
8	临时围网	m	30					20				
9	禁止合闸，有人工作！	块	20					15				
10	禁止合闸，线路有人工作！	块	15					15				
11	禁止分闸！	块	10					10				
12	在此工作！	块	10					10				
13	止步，高压危险！	块	15					15				
14	从此上下！	块	10					10				
15	从此进出！	块	10					10				
16	禁止攀登，高压危险！	块	15					15				

表 A3　　　　　　110kV 无人值守变电站安全工器具的配置

序号	工器具名称	单位	110kV 常规设备变电站				110kV 紧凑型设备变电站			
			110kV	35kV	10kV	400V	110kV	35kV	10kV	400V
1	绝缘操作杆	套	1	—	—	—	1	—	—	—
2	验电器	支	1	1	1	2	1	1	1	2
3	接地线	组	4	4	4	2	2	2	2	2
4	绝缘手套	副	2				2			
5	绝缘靴	双	2				2			
6	绝缘梯	架	2（人字梯、平梯各 1）				2（人字梯、平梯各 1）			
7	伸缩或非伸缩型遮栏	m	15				10			
8	临时围网	m	25				20			

序号	工器具名称	单位	110kV 常规设备变电站				110kV 紧凑型设备变电站			
			110kV	35kV	10kV	400V	110kV	35kV	10kV	400V
9	禁止合闸，有人工作！	块	20				20			
10	禁止合闸，线路有人工作！	块	15				15			
11	禁止分闸！	块	10				10			
12	在此工作！	块	10				10			
13	止步，高压危险！	块	15				15			
14	从此上下！	块	10				10			
15	从此进出！	块	10				10			
16	禁止攀登，高压危险！	块	15				15			

表 A4　　　　　　35kV 无人值守变电站安全工器具的配置

序号	工器具名称	单位	35kV 常规设备变电站		
			35kV	10kV	400V
1	绝缘操作杆	套	1	1	—
2	验电器	支	1	1	2
3	接地线	组	4	4	2
4	绝缘手套	副	2		
5	绝缘靴	双	2		
6	绝缘梯	架	2（人字、平梯各 1）		
7	伸缩或非伸缩型遮栏	m	15		
8	临时围网	m	20		
9	禁止合闸，有人工作！	块	20		
10	禁止合闸，线路有人工作！	块	15		
11	禁止分闸！	块	10		
12	在此工作！	块	10		
13	止步，高压危险！	块	15		
14	从此上下！	块	10		
15	从此进出！	块	10		
16	禁止攀登，高压危险！	块	10		

表 A5   操作班（队）安全工器具的配置

序号	工器具名称	单位	500kV 操作班（队）				220kV 操作班（队）		
			500kV	220kV	35（15.75）kV	400V	220kV	110kV	35kV
1	绝缘操作杆	套	—	2	2	—	2	2	2
2	验电器	支	2	2	2	2	2	2	2
3	接地线	组	1	2	2	2	4	6	4
4	绝缘手套	付		2				2	
5	绝缘靴	双		4				4	

序号	工器具名称	单位	220kV 操作班（队）		110kV 操作班（队）			
			10kV	400V	110kV	35kV	10kV	400V
1	绝缘操作杆	套	2	—	2	2	2	—
2	验电器	支	2	2	2	2	2	2
3	接地线	组	6	2	6	4	6	2
4	绝缘手套	副		2		2		
5	绝缘靴	双		4		4		

附录 B　电流致热型设备缺陷诊断判据

电流致热型设备缺陷诊断判据见表 B1。

表 B1　　　　　　　　　　电流致热型设备缺陷诊断判据

设备类别和部位		热像特征	故障特征	缺陷性质		
				一般缺陷	严重缺陷	危急缺陷
电气设备与金属部件的连接	接头和线夹	以线夹和接头为中心的热像，热点明显	接触不良	温差超过15K，未达到严重缺陷的要求	热点温度大于80℃或$\delta \geqslant 80\%$	热点温度大于110℃或$\delta \geqslant 95\%$
金属导线		以导线为中心的热像，热点明显	松股、断股、老化或截面积不够			
金属部件与金属部件的连接	接头和线夹	以线夹和接头为中心的热像，热点明显	接触不良	温差超过15K，未达到严重缺陷的要求	热点温度大于90℃或$\delta \geqslant 80\%$	热点温度大于130℃或$\delta \geqslant 95\%$
输电导线的连接器（耐张线夹、接续管、修补管、并沟线夹、跳线线夹、T形线夹、设备线夹等）						
隔离开关	转头	以转头为中心的热像	转头接触不良或断股			
	触头	以触头压接弹簧为中心的热像	弹簧压接不良			
断路器	动、静触头	以顶帽和下法兰为中心的热像，顶帽温度大于下法兰温度	压指压接不良	温差超过10K，未达到严重缺陷的要求	热点温度大于55℃或$\delta \geqslant 80\%$	热点温大于80℃或$\delta \geqslant 95\%$
	中间触头	以下法兰和顶帽为中心的热像，下法兰温度大于顶帽温度				
电流互感器	内连接	以串并联出线头或大螺杆出线夹为最高温度的热像或以顶部铁帽发热为特征	螺杆接触不良	温差超过10K，未达到严重缺陷的要求	热点温度大于55℃或$\delta \geqslant 80\%$	热点温度大于80℃或$\delta \geqslant 95\%$
套管	柱头	以套管顶部柱头为最热的热像	柱头内部并线压接不良			

设备类别和部位		热像特征	故障特征	缺陷性质		
				一般缺陷	严重缺陷	危急缺陷
电容器	熔丝	以熔丝中部靠电容侧为最热的热像	熔丝容量不够	温差超过10K，未达到严重缺陷的要求	热点温度大于55℃或$\delta \geqslant 80\%$	热点温度大于80℃或$\delta \geqslant 95\%$
	熔丝座	以熔丝座为最热的热像	熔丝与熔丝座之间接触不良			

注　相对温差计算公式：

$$\delta_t = (\tau_1 - \tau_2) / \tau_1 \times 100\% = (t_1 - t_2) / (t_1 - t_0) \times 100\%$$

式中：τ_1、t_1——发热点的温升和温度；τ_2、t_2——正常相对应点的温升和温度；t_0——环境温度中参照体的温度。

附录 C　电压致热型设备缺陷诊断判据

电压致热型设备缺陷诊断判据见表 C1。

表 C1　　　　　　　　　　电压致热型设备缺陷诊断判据

设备类别		热像特征	故障特征	温差 （K）
电流互感器	10kV 浇注式	以本体为中心整体发热	铁芯短路或局部放电增大	4
	油浸式	以瓷套整体温升增大，且瓷套上部温度偏高	介质损耗偏大	2～3
电压互感器 （含电容式电压 互感器的互感 器部分）	10kV 浇注式	以本体为中心整体发热	铁芯短路或局部放电增大	4
	油浸式	以整体温升偏高，且中上部温度大	介质损耗偏大、匝间短路或铁芯损耗增大	2～3
耦合电容器	油浸式	以整体温升偏高或局部过热，且发热符合自上而下逐步递减规律	介质损耗偏大，电容量变化、老化或局部放电	
移相电容器		一般以本体上部为中心的热像图，正常热像最高温度一般在宽面垂直平分线的 2/3 高度左右，其表面温升略高，整体发热或局部发热	介质损耗偏大，电容量变化、老化或局部放电	2～3
高压套管		以套管整体发热	介质损耗偏大	
		对应部位呈现局部发热区故障	局部放电故障，油路或气路的堵塞	
充油套管	绝缘子柱	以油面处为最高温度的热像，油面有一明显的水平分界线	缺油	
氧化锌避雷器	10～ 60kV	正常为整体轻微发热，较热点一般靠近上部且不均匀，多节组合从上到下各节温度递减；异常为整体发热或局部发热	阀片受潮或老化	0.5～1
绝缘子	瓷绝缘子	正常绝缘子串的温度分布同电压分布规律，即呈现不对称的马鞍形，相邻绝缘子温差很小，以铁帽为发热中心的热像图，其比正常绝缘子温度高	低值绝缘子发热（绝缘电阻在 10～300MΩ）	1
		发热温度比正常绝缘子要低，热像图与正常绝缘子相比，呈暗色调	零值绝缘子发热（绝缘电阻在 0～10MΩ）	
		以瓷盘（或玻璃盘）为发热区的热像	由于表面污秽引起绝缘子泄漏电流增大	0.5

设备类别		热像特征	故障特征	温差（K）
绝缘子	合成绝缘子	在绝缘良好和绝缘劣化的接合处出现局部过热，随着时间的延长，过热部位会移动	伞裙破损或芯棒受潮	0.5～1
		球头部位过热	球头部位松脱、进水	
电缆终端		以整个电缆头为中心的热像	电缆头受潮、劣化或产生气隙	0.5～1
		以护层接地连接为中心的发热	接地不良	5～10
		伞裙局部区域过热	内部可能有局部放电	0.5～1
		根部有整体性过热	内部介质受潮或性能异常	

参 考 文 献

［1］国家电网有限公司．国家电网有限公司十八项电网重大大反事故措施（2018年修订版）及编制说明［M］．北京：中国电力出版社，2018．

［2］国家电网有限公司设备管理部．变电运维专业技能培训教材 理论知识［M］．北京：中国电力出版社，2021．

［3］国家电网公司．供电企业作业安全风险辨识防范手册 第二册 变电专业［M］．北京：中国电力出版社，2009．

［4］黄院臣．变电设备运行维护培训教材（基础篇）［M］．北京：中国电力出版社，2015．

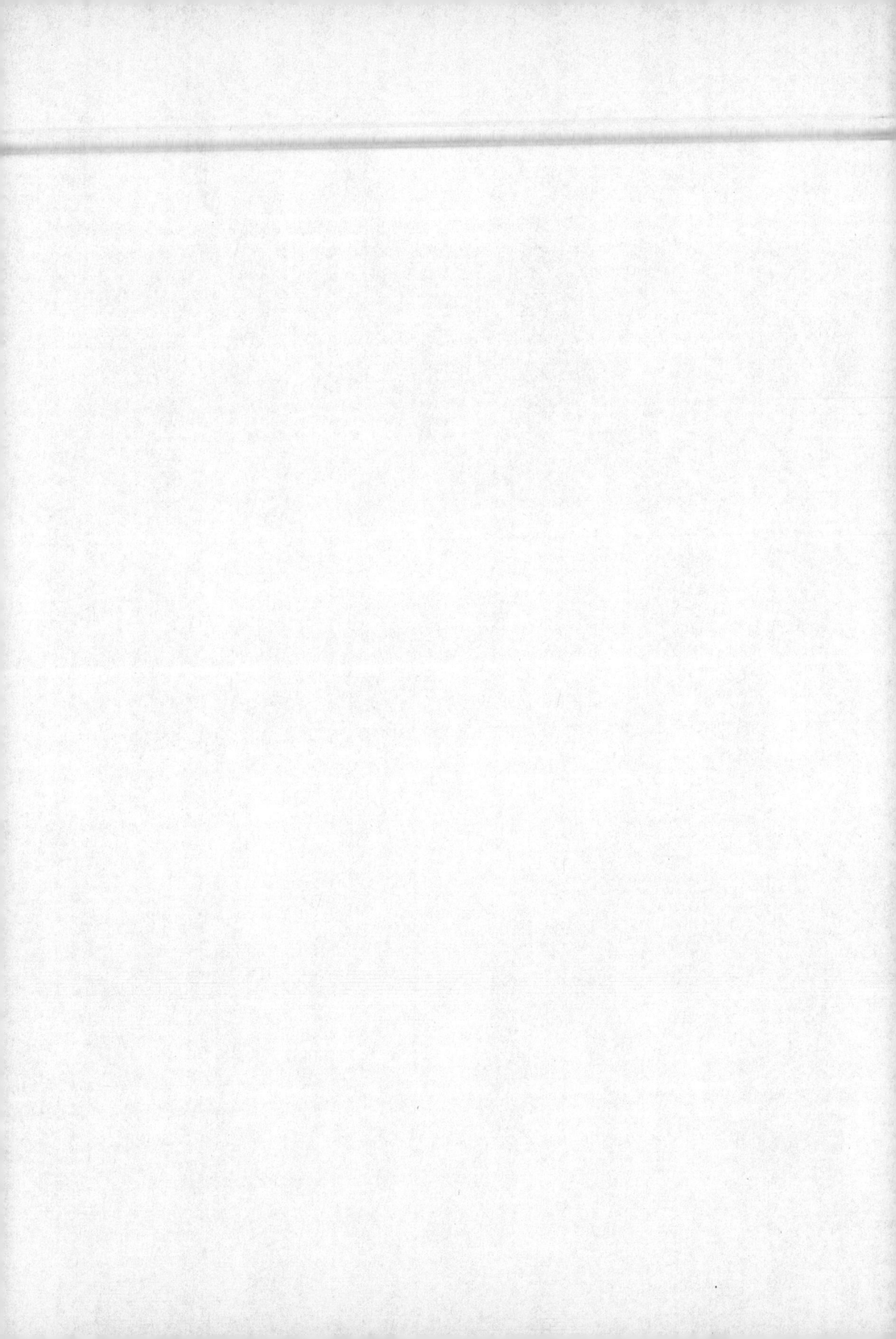